はじめての微分積分15講

小寺平治 著

「わたしは、数学が得意で、微積の授業もよく分かります」というお方は、この本を必要としないだろう。
「ぼくは、数学がメシより好きで、理学部数学科へ入りました」という変わり種には、この本は無用であろう。
なぜかといえば、この本は、「高校数学にも自信ないけど、微積だけは、なんとかしたいの」というアナタのために書かれたものだから。
「教授の独演会なんだ、講義はサッパリ分からない！」というキミにこそ読んで欲しい本なのだから。
一般教養の数学・基本専門科目程度の数学ならば、適切な説明と教え方ひとつで、だれにも十分マスターできる — この事実を、ぼくは学生諸君との三十余年のお付き合いから学ぶことができた。

講談社

序文 ●●●●●● 著者からのメッセージ

「わたしは，数学が得意で，微積の授業もよく分かります」
というお方は，この本を必要としないだろう．
「ぼくは，数学がメシより好きで，理学部数学科へ入りました」
という変わり種には，この本は無用であろう．
　なぜかといえば，この本は，
「高校数学にも自信ないけど，微積だけは，なんとかしたいの」
というアナタのために書かれたものだから．
「教授の独演会なんだ．講義はサッパリ分からない！」
というキミにこそ読んで欲しい本なのだから．

　一般教養の数学・基本専門科目程度の数学ならば，適切な説明と教え方ひとつで，だれにも**十分マスターできる** ── この事実を，ぼくは学生諸君との三十余年のお付き合いから学ぶことができた．

　この本は，微積分の**基礎事項の解説**・これだけはぜひという**典型的な例題**から成る．

よくわかる！

これが，ぼくの本のモットーである．
　大先生が，腕によりをかけてお書きになられた"読んでも分からない本"には，ぼくも，ずいぶん泣かされてきたからね．
　新しい概念には，**具体例**を付けるよう努めた．
　カレーライスを食べたことのない人に，その味を言葉で伝えることは不可能に近い．実際に試食してみて，はじめて"ああ美味かった！"と，カレーライスの味を**実感**することができるのだ．

　思えば，五十数年前，やっと大学生になったときのことが，懐かしく思い

出される.

　新入学の四月には，講義室の場所をはじめ，図書館や学食の利用法にまで迷っていたのに，一か月・二か月後には，話し相手もでき，キャンパス外の隠れた名店まで知るようになる —— 学生生活に慣れてきたのだ.

　数学は，本来考える学問ではあるけれども，それは，まず，

学ぶ・まねる・憶える

というステップがあってこそ成立するもの．諸君は．ぜひ，

エンピツを持って，書きながら

この本を読んで欲しいな.

　講談社サイエンティフィク第二出版部部長大塚記央さんは，この本を企画され，編集・出版をともに歩んでくれた．今回も，イラストは，角口美絵さんのお世話になった．

　これらの方々ならびに，関係者各位に，心よりありがとうと申し上げたい.

　この本が，未来を生きる若い諸君の勉強の一助になってくれれば，ぼくは本当に本当にうれしい.

　それでは，諸君，Good Luck !

小寺　平治

目次 ●●●●●●これだけのメニューを用意しました

第1章 関数と極限

- §1 関数・数列の極限値 …………………… 2
- §2 指数関数・対数関数 …………………… 12
- §3 三角関数・逆三角関数 ………………… 20

第2章 微分法

- §4 微分係数・導関数 ……………………… 32
- §5 導関数の計算 …………………………… 42
- §6 平均値の定理 …………………………… 52
- §7 テイラーの定理 ………………………… 62

第3章 積分法

- §8 原始関数の計算・1 …………………… 74
- §9 原始関数の計算・2 …………………… 82
- §10 定積分 …………………………………… 92
- §11 広義積分・積分の応用 ………………… 102

第4章 偏微分と重積分

- §12 偏導関数 ………………………………… 112
- §13 高次偏導関数とテイラーの定理 ……… 122
- §14 二重積分 ………………………………… 132
- §15 広義二重積分 …………………………… 140

プラスα

関数は機能だ	7
一般角の加法定理の証明	23
三角関数と双曲線関数	27
一人二役	39
公式の憶え方	77
$\int p(x)e^{\alpha x}dx$ の実用公式	83
オイラーの公式	85
原始関数と不定積分	95
$\int_0^{+\infty} e^{-x^2}dx = \dfrac{\sqrt{\pi}}{2}$ の証明	144

演習問題の答

索引(index)

●この本をテキストとして使用して下さる先生方へ：

　各§は，1コマ（90分）を目安にいたしましたが，その§の本文・例題・演習問題のすべてを，90分で扱うには，分量が多すぎます．各§は，

　　　　完食していただく**定食**ではなく，取捨選択できる**バイキング**

になっております．基礎に重点をおく講義．基礎は各自にまかせ本文に重点をおく授業など，多様の利用法が考えられます．

　書物をどう利用するかは，本来，先生方と学生諸君の権利に属すること．どうぞ，自由に有効活用なさって下さい．

導関数 の公式

$f(x)$	$f'(x)$
C	0
x^2	$2x$
$\sqrt{x}$	$\dfrac{1}{2\sqrt{x}}$
$\dfrac{1}{x}$	$-\dfrac{1}{x^2}$
x^α	$\alpha x^{\alpha-1}$
e^x	e^x
$\log x$	$\dfrac{1}{x}$

$f(x)$	$f'(x)$
$\cos x$	$-\sin x$
$\sin x$	$\cos x$
$\tan x$	$\dfrac{1}{\cos^2 x}$
$\cos^{-1} x$	$-\dfrac{1}{\sqrt{1-x^2}}$
$\sin^{-1} x$	$\dfrac{1}{\sqrt{1-x^2}}$
$\tan^{-1} x$	$\dfrac{1}{1+x^2}$

$f(x)$	$f^{(n)}(x)$
x^α	$\alpha(\alpha-1)\cdots(\alpha-(n-1))x^{\alpha-n}$
e^x	e^x
$\cos x$	$\cos\left(x+\dfrac{n}{2}\pi\right)$
$\sin x$	$\sin\left(x+\dfrac{n}{2}\pi\right)$

原始関数 の公式

$f(x)$	$\int f(x)\,dx$	$f(x)$	$\int f(x)\,dx$
x^α	$\dfrac{1}{\alpha+1}x^{\alpha+1}\,(\alpha \neq -1)$	$\dfrac{1}{x}$	$\log|x|$
e^x	e^x	$\log x$	$x(\log x - 1)$
$\cos x$	$\sin x$	$\dfrac{1}{x^2-a^2}$	$\dfrac{1}{2a}\log\left|\dfrac{x-a}{x+a}\right|$
$\sin x$	$-\cos x$	$\dfrac{1}{x^2+a^2}$	$\dfrac{1}{a}\tan^{-1}\dfrac{x}{a}$
$\tan x$	$-\log|\cos x|$	$\dfrac{1}{\sqrt{a^2-x^2}}$	$\sin^{-1}\dfrac{x}{a}$
$\cos^{-1}x$	$x\cos^{-1}x - \sqrt{1-x^2}$	$\dfrac{1}{\sqrt{x^2+A}}$	$\log|x+\sqrt{x^2+A}|$
$\sin^{-1}x$	$x\sin^{-1}x + \sqrt{1-x^2}$		
$\tan^{-1}x$	$x\tan^{-1}x - \dfrac{1}{2}\log(1+x^2)$		

$f(x)$	$\int f(x)\,dx$
$\sqrt{a^2-x^2}$	$\dfrac{1}{2}\left(x\sqrt{a^2-x^2} + a^2\sin^{-1}\dfrac{x}{a}\right)$
$\sqrt{x^2+A}$	$\dfrac{1}{2}(x\sqrt{x^2+A} + A\log|x+\sqrt{x^2+A}|)$

▶注　以上の公式では，$a>0$ とする．

極限値・マクローリン級数

●極限値

$$\lim_{x \to +0} \frac{1}{x} = +\infty, \quad \lim_{x \to -0} \frac{1}{x} = -\infty, \quad \lim_{x \to \pm\infty} \frac{1}{x} = 0$$

$$\lim_{n \to \infty} r^n = \begin{cases} +\infty & (r > 1) \\ 1 & (r = 1) \\ 0 & (|r| < 1) \\ 振動 & (r \leqq -1) \end{cases}$$

$$\lim_{n \to \infty} \sqrt[n]{a} = 1 \quad (a > 0), \quad \lim_{n \to \infty} \frac{a^n}{n!} = 0 \quad (a > 0)$$

$$\lim_{x \to 0} (1+x)^{\frac{1}{x}} = e, \quad \lim_{x \to \pm\infty} \left(1 + \frac{1}{x}\right)^x = e$$

$$\lim_{x \to 0} \frac{e^x - 1}{x} = 1, \quad \lim_{x \to 0} \frac{\log(1+x)}{x} = 1$$

$$\lim_{x \to 0} \frac{\sin x}{x} = 1, \quad \lim_{x \to 0} \frac{1 - \cos x}{x^2} = \frac{1}{2}$$

$$\lim_{x \to +\infty} \frac{e^x}{x^n} = +\infty, \quad \lim_{x \to +\infty} \frac{x^n}{\log x} = +\infty \quad (n = 1, 2, 3, \cdots)$$

●マクローリン級数

$$e^x = 1 + \frac{1}{1!}x + \frac{1}{2!}x^2 + \frac{1}{3!}x^3 + \cdots \cdots \qquad (-\infty < x < +\infty)$$

$$\cos x = 1 - \frac{1}{2!}x^2 + \frac{1}{4!}x^4 - \frac{1}{6!}x^6 + \cdots \cdots \qquad (-\infty < x < +\infty)$$

$$\sin x = x - \frac{1}{3!}x^3 + \frac{1}{5!}x^5 - \frac{1}{7!}x^7 + \cdots \cdots \qquad (-\infty < x < +\infty)$$

$$\log(1+x) = x - \frac{1}{2}x^2 + \frac{1}{3}x^3 - \frac{1}{4}x^4 + \cdots \qquad (-1 < x \leqq 1)$$

指数・対数 の公式

● **n 乗根** （$a, b>0.$ m, n：正整数）

$(\sqrt[n]{a})^n = a$

$\sqrt[n]{a}\sqrt[n]{b} = \sqrt[n]{ab}, \quad \dfrac{\sqrt[n]{b}}{\sqrt[n]{a}} = \sqrt[n]{\dfrac{b}{a}}$

$(\sqrt[n]{a})^m = \sqrt[n]{a^m}$

● **指数の公式** （$a, b>0,$ m, n：正整数． x, y：実数）

$a^0 = 1, \quad a^{-n} = \dfrac{1}{a^n}, \quad a^{\frac{m}{n}} = \sqrt[n]{a^m}$

$a^{x+y} = a^x a^y \quad $ ［指数法則］ $\quad (ab)^x = a^x b^x$

$a^{x-y} = \dfrac{a^x}{a^y} \qquad\qquad\qquad \left(\dfrac{b}{a}\right)^x = \dfrac{b^x}{a^x}$

$\begin{cases} a>1 \text{ならば，} x<y \iff a^x<a^y \\ a<1 \text{ならば，} x<y \iff a^x>a^y \end{cases}$

● **対数の公式** （$x>0,$ $y>0,$ $0<a\neq 1,$ $0<b\neq 1$）

$y = \log_a x \iff x = a^y$

$a^{\log_a x} = x, \quad \log_a a = 1, \quad \log_a 1 = 0$

$\log_a xy = \log_a x + \log_a y$

$\log_a \dfrac{x}{y} = \log_a x - \log_a y$

$\log_a x^p = p \log_a x \quad$ （p：実数）

$\log_a x = \dfrac{\log_b x}{\log_b a} \quad$ ［底の変換公式］

$\begin{cases} a>1 \text{ならば，} x<y \iff \log_a x < \log_a y \\ a<1 \text{ならば，} x<y \iff \log_a x > \log_a y \end{cases}$

三角関数 の公式

●相互関係

$$\tan x = \frac{\sin x}{\cos x}, \quad \cos^2 x + \sin^2 x = 1, \quad 1 + \tan^2 x = \frac{1}{\cos^2 x}$$

●周期性　負角の公式

$$\cos x = \cos(x+2\pi) = \cos(x+4\pi) = \cos(x+6\pi) = \cdots$$

$$\sin x = \sin(x+2\pi) = \sin(x+4\pi) = \sin(x+6\pi) = \cdots$$

$$\tan x = \tan(x+\pi) = \tan(x+2\pi) = \tan(x+3\pi) = \cdots$$

$$\cos(-x) = \cos x, \quad \sin(-x) = -\sin x, \quad \tan(-x) = -\tan x$$

●加法定理

$$\cos(\alpha \pm \beta) = \cos\alpha\cos\beta \mp \sin\alpha\sin\beta \quad \tan(\alpha \pm \beta) = \frac{\tan\alpha \pm \tan\beta}{1 \mp \tan\alpha\tan\beta}$$

$$\sin(\alpha \pm \beta) = \sin\alpha\cos\beta \pm \cos\alpha\sin\beta$$

●二倍角の公式

$$\cos 2\alpha = \cos^2\alpha - \sin^2\alpha = 2\cos^2\alpha - 1 = 1 - 2\sin^2\alpha$$

$$\sin 2\alpha = 2\cos\alpha\sin\alpha$$

$$\tan 2\alpha = \frac{2\tan\alpha}{1-\tan^2\alpha} \quad \cos^2\alpha = \frac{1+\cos 2\alpha}{2} \quad \sin^2\alpha = \frac{1-\cos 2\alpha}{2}$$

●有理化公式

$\tan\dfrac{\theta}{2} = t$ のとき，

$$\cos\theta = \frac{1-t^2}{1+t^2}, \quad \sin\theta = \frac{2t}{1+t^2}, \quad \tan\theta = \frac{2t}{1-t^2}$$

$$\frac{1-\cos\theta}{\sin\theta} = \frac{\sin\theta}{1+\cos\theta} = \tan\frac{\theta}{2}$$

● **余角の公式**

$$\cos\left(\frac{\pi}{2}-x\right)=\sin x, \quad \sin\left(\frac{\pi}{2}-x\right)=\sin\left(x+\frac{\pi}{2}\right)=\cos x$$

$$\tan\left(\frac{\pi}{2}-x\right)=\frac{1}{\tan x}$$

● **積和公式**

$$\cos\alpha\cos\beta = \frac{1}{2}\{\cos(\alpha+\beta)+\cos(\alpha-\beta)\}$$

$$\sin\alpha\sin\beta = -\frac{1}{2}\{\cos(\alpha+\beta)-\cos(\alpha-\beta)\}$$

$$\sin\alpha\cos\beta = \frac{1}{2}\{\sin(\alpha+\beta)+\sin(\alpha-\beta)\}$$

$$\cos\alpha\sin\beta = \frac{1}{2}\{\sin(\alpha+\beta)-\sin(\alpha-\beta)\}$$

● **和積公式**

$$\cos A+\cos B = 2\cos\frac{A+B}{2}\cos\frac{A-B}{2}$$

$$\cos A-\cos B = -2\sin\frac{A+B}{2}\sin\frac{A-B}{2}$$

$$\sin A+\sin B = 2\sin\frac{A+B}{2}\cos\frac{A-B}{2}$$

$$\sin A-\sin B = 2\cos\frac{A+B}{2}\sin\frac{A-B}{2}$$

● **逆三角関数**

$$y=\cos^{-1}x \iff x=\cos y, \quad 0\leqq y\leqq\pi$$

$$y=\sin^{-1}x \iff x=\sin y, \quad -\frac{\pi}{2}\leqq y\leqq\frac{\pi}{2}$$

$$y=\tan^{-1}x \iff x=\tan y, \quad -\frac{\pi}{2}<y<\frac{\pi}{2}$$

▶**注** $\cos^{-1}x$ を，インバース・コサイン x または，アーク・コサイン x と読む．

第1章 関数・数列の極限値

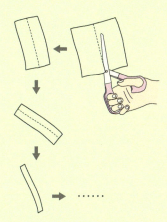

限りなく0に近づく

みなさん、こんにちは、わたし、平治先生(愛称平治親分)の教え子で、案内役の**ユミ**です。どうぞ、よろしく。

長さ1mの紙の半分を切り取りますと、$\frac{1}{2}$m残ります。残りから、その半分を切り取りますと、$\left(\frac{1}{2}\right)^2$m残りますね。

また、その半分、… を、くり返すと、紙はしだいに細くなり、紙の幅は、0mに近づく。でも、実際に0mになることはない。この近づく**目標の値**が**極限値**です。

ぼくも、平治親分の教え子の**マサキ**です。よろしく。

§1 関数・数列の極限値

―― 近づく "目標" が極限値 ――

関数

諸君，ごきげんよう．この講義を "関数" から始めようか．

浮世の慣例にしたがって，関数を，次のように定義しておこう．

いろいろな値を取る文字を**変数**という．

変数 x の取る各値に，それぞれ一つの（変数 y の）値を対応させる**規則** f を**関数**といい．

$$y = f(x) \quad \text{または} \quad f : x \longmapsto y$$

などと記す．このとき，x を**独立変数**，y を**従属変数**といい，便宜上，**y を x の関数**ということもあるよ．

また，$x=a$ に対応する y の値を，$f(a)$ と記し，さらに．

x の取る値の範囲を，関数 $y=f(x)$ の**定義域**

y の取る値の範囲を，関数 $y=f(x)$ の**値域**

ということになっているのだ．

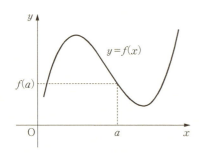
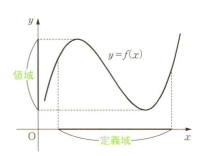

▶注 集合 A の各元に，集合 B の元を対応させる関数を，$f : A \to B$ と記すことがある．

a は定義域の点でなくてもいいのよ

関数の極限値

関数 $f(x)$ において，x が a 以外の値を取

りながら，限りなく a に近づくとき，$f(x)$ が限りなく一定値 A に近づくならば，この近づく**目標の値** A を，$x \to a$ のときの関数 $f(x)$ の極限値といい，

$$\lim_{x \to a} f(x) = A \quad \text{または} \quad f(x) \to A \quad (x \to a)$$

◀ lim はリーメスまたはリミットと読む

などと記す．また，$x \to a$ のとき，$f(x)$ の値が，いくらでも大きくなるとき，次のように記す：

$$\lim_{x \to a} f(x) = +\infty \quad \text{または} \quad f(x) \to +\infty \quad (x \to a)$$

例 $f(x) = x$ の整数部分 $(x \geq 0)$

のとき，

$$\lim_{x \to 2.5} f(x) = 2$$

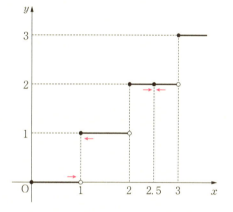

ところが，$x \to 1$ というとき，

x が左側から 1 に近づくと，
　　$f(x) \to 0$
x が右側から 1 に近づくと，
　　$f(x) \to 0$

目標が一定値でないので，

$\lim_{x \to 1} f(x)$ は，**存在しない**．

一般に，

$x < a$ であって，$x \to a$ のことを，$x \to a - 0$ と記し，
$x > a$ であって，$x \to a$ のことを，$x \to a + 0$ と記し，

$\lim_{x \to a-0} f(x)$ を**左極限値**，$\lim_{x \to a+0} f(x)$ を**右極限値**

という．

極限値の基本中の基本は，次の公式である：

=== **Point** ===

$$\lim_{x \to +0} \frac{1}{x} = +\infty, \quad \lim_{x \to -0} \frac{1}{x} = -\infty, \quad \lim_{x \to +\infty} \frac{1}{x} = 0, \quad \lim_{x \to -\infty} \frac{1}{x} = 0$$

▶**注** $x \to +0$ は $x \to 0+0$ の省略形．$x \to -0$ は $x \to 0-0$ の省略形．

この **Point** を，グラフで見れば，

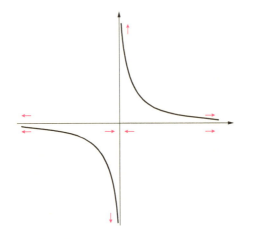

x	$\dfrac{1}{x}$
0.1	10
0.01	100
0.001	1000
0.0001	10000
⋮	⋮
↓	↓
0	$+\infty$

極限値の基本性質

ここで，極限値の基本性質を列挙しておこう：

（1） $\lim\limits_{x\to a} f(x) = A,\ \lim\limits_{x\to a} g(x) = B$ のとき，

$\lim\limits_{x\to a}(f(x) \pm g(x)) = A \pm B,\quad \lim\limits_{x\to a} cf(x) = cA$

$\lim\limits_{x\to a} f(x)g(x) = AB,\quad \lim\limits_{x\to a}\dfrac{g(x)}{f(x)} = \dfrac{B}{A}\quad (A \neq 0)$

（2）・つねに $f(x) \leq g(x) \implies \lim\limits_{x\to a} f(x) \leq \lim\limits_{x\to a} g(x)$

・ハサミウチの原理

$\left. \begin{array}{l} \text{つねに}\ g(x) \leq f(x) \leq h(x) \\ \lim\limits_{x\to a} g(x) = \lim\limits_{x\to a} h(x) = A \end{array} \right\} \implies \lim\limits_{x\to a} f(x) = A$

▶注　A, B は有限確定値，a は $+\infty$ でも $-\infty$ でもよい．

極限値の基本性質

例　（1）　$\lim\limits_{x\to 2}(x^3 + 3x^2 - 5x) = \lim\limits_{x\to 2} x^3 + 3\lim\limits_{x\to 2} x^2 - 5\lim\limits_{x\to 2} x$

$\quad\quad = 2^3 + 3\cdot 2^2 - 5\cdot 2 = 10$

（2）　$\lim\limits_{x\to +\infty}(x^3 - x^2) = \lim\limits_{x\to +\infty} x^3\left(1 - \dfrac{1}{x}\right)$　　◀この変形がポイント

$$= \lim_{x \to +\infty} x^3 \cdot \lim_{x \to +\infty} \left(1 - \frac{1}{x}\right) = +\infty$$

▶注 **+∞ は数にあらず** 次のようにやってはいはない！
$$\lim_{x \to +\infty}(x^3 - x^2) = \lim_{x \to +\infty} x^3 - \lim_{x \to +\infty} x^2 = (+\infty) - (+\infty) = 0$$

（3） $\displaystyle\lim_{x \to 1} \frac{2x^2 - x - 1}{x^2 + 2x - 3} = \lim_{x \to 1} \frac{(2x+1)(x-1)}{(x+3)(x-1)}$

$\displaystyle = \lim_{x \to 1} \frac{2x+1}{x+3} = \frac{2 \cdot 1 + 1}{1 + 3} = \frac{3}{4}$

> **How to**
> $\dfrac{0}{0}$ 型の極限値
> 約分できる形に！

（4） $\displaystyle\lim_{x \to a} \frac{\sqrt{x} - \sqrt{a}}{x - a}$

$\displaystyle = \lim_{x \to a} \frac{(\sqrt{x} - \sqrt{a})(\sqrt{x} + \sqrt{a})}{(x-a)(\sqrt{x} + \sqrt{a})} = \lim_{x \to a} \frac{1}{\sqrt{x} + \sqrt{a}} = \frac{1}{2\sqrt{a}}$

関数の連続性

関数 $f(x)$ と，点 a について，
$$\lim_{x \to a} f(x) = f(a)$$
◀ 極限値 ＝ 関数値

が成立するとき，関数 $f(x)$ は点 a で**連続**であるという．また，ある区間のすべての点で連続であるとき，$f(x)$ はその区間で連続であるという．

▶注 連続というと，グラフが "つながっている" ことと誤解されやすい．たとえば，関数
$$f(x) = \begin{cases} x & (x：有理数) \\ 2x & (x：無理数) \end{cases}$$
は，点 0 で連続，その他の点で不連続であるが，点 0 でグラフがつながっているような気はしないね．

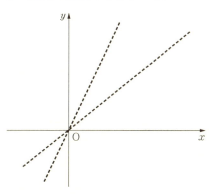

関数の連続性は，ぜひ，次のように頭に入れておけば間違いないのだ：

変数値の変化高が微少 ⟹ 関数値の変化高も微少

すなわち，関数値の変化に飛躍（じゃんぷ）がないということ．いいね．

合成関数・逆関数

二つの関数 $u=g(x)$, $y=f(x)$ を, この順にひき続いて施す関数を, g と f との**合成関数**とよび, $f \circ g$ などと記す：
$$(f \circ g)(x) = f(g(x))$$

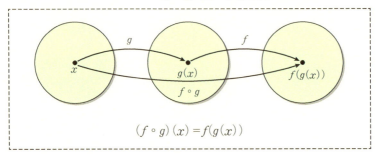

合成関数

例 $f(x) = x+3$, $g(x) = x^2$ のとき,

$(f \circ g)(x) = f(g(x)) = f(x^2) = x^2 + 3$ ◀2乗して3を加える

$(g \circ f)(x) = g(f(x)) = g(x+3) = (x+3)^2$ ◀3を加えて2乗する

▶**注** $f \circ g = g \circ f$ は, 一般に不成立.

$y=f(x)$ の y の一つの値に対して, x の値が**必ず一つだけ決まる**とき, y に x を対応させる関数を, 関数 $f(x)$ の**逆関数**とよび, $f^{-1}(x)$ と記す.

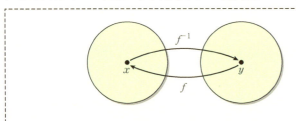

逆関数

$$y = f^{-1}(x) \iff x = f(y)$$

例 $y = f(x) = x^2 - 2$ $(x \geq 0)$

の逆関数を求めよう. 次の手順による：

$y = x^2 - 2$ $(x \geq 0)$ ◀与えられた式

$x = y^2 - 2$ $(y \geq 0)$ ◀x と y を交換する

$y = \sqrt{x+2}$ $(\because y \geq 0)$ ◀y について解く

この手順マスターしてね

ゆえに，
$$f^{-1}(x) = \sqrt{x+2} \quad (x \geqq -2)$$

▶注 $y=f(x), y=f^{-1}(x)$ のグラフは，直線 $y=x$ に関して対称になっている！

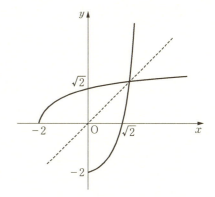

プラスα　　　　　　　　関数は機能だ

関数 $f(x) = x^2$　とか　関数 $y = x^2$

とかいたのをよく見かけますね．このとき，関数の実体は，

$3 \to 3^2$
$5 \to 5^2$
$-2 \to (-2)^2$
$\vdots$

$y \leftarrow (\quad)^2 \leftarrow x$

ハコ
↓
◀従来，関数を函数とかいていました

という**機能**．すなわち "2乗する" という働きなのです．貨幣（おかね）を入れて商品が出てくる自動販売機のようなものです．

関数を英語で，function といいます．試みに英和辞書を引いてみますと，第一義は，「機能，働き」なのです．

関数を他の外国語では，

Funktion （独）
fonction （仏）
функция （露）

といいますから，どれも同一語源のようですね．

function [fʌ́ŋkʃən フ<u>ァ</u>ンクシャン] 名 C ①機能，働き ②役目，職掌 ③儀式，式典 ④【数】関数（かんすう）
——，自 働く，作用する，役目をする．

数列の極限値

数列の極限値は，関数の極限値と同様に定義される．その定義を，あらためて記す必要もなかろう． ◀数列は，定義域 $\{1, 2, 3, \cdots\}$ の関数 $n \mapsto a_n$ だ

数列の極限値で，基本中の基本は，次の定理だ：

$$\lim_{n\to\infty} r^n = \begin{cases} 0 & (-1<r<1) \\ 1 & (r=1) \end{cases} \text{収束} \\ \begin{cases} +\infty & (r>1) \\ \text{振動} & (r\leqq -1) \end{cases} \text{発散}$$

等比数列の極限値

各々の場合について，具体例を挙げておこう．

(1) $a_n = \left(\dfrac{1}{2}\right)^n$ のとき：

$0 \quad \left(\dfrac{1}{2}\right)^4 \left(\dfrac{1}{2}\right)^3 \quad \left(\dfrac{1}{2}\right)^2 \qquad \dfrac{1}{2}$ 　　$\lim\limits_{n\to\infty} \left(\dfrac{1}{2}\right)^n = 0$

(2) $a_n = 1$ のとき：

$1, 1, 1, \cdots, 1, \cdots \to 1$ 　　$\lim\limits_{n\to\infty} a_n = 1$

(3) $a_n = 10^n$ のとき：

$10, 100, 1000, \cdots, \overset{n}{\overline{100\cdots 0}}, \cdots \to +\infty$ 　発散

(4) $a_n = (-10)^n$ のとき：

$-10, 100, -1000, 10000, \cdots \to$ 行方知れずフラフラ　発散

証明 それでは，上の定理に証明を付けておく．

- $r=1$ のとき： 自明
- $r>1$ のとき： $r = 1+h$ $(h>0)$ とおけるから，
$$r^n = (1+h)^n = 1 + nh + {}_nC_2 h^2 + \cdots + h^n > 1 + nh \quad \leftarrow \quad +\infty$$
- $-1<r<1$ のとき： $|r^n| \to 0$ を示せばよい．
$$\dfrac{1}{|r|} > 1, \quad \left(\dfrac{1}{|r|}\right)^n \to +\infty \quad \text{だから，} \quad |r^n| = \dfrac{1}{(1/|r|)^n} \to 0$$
- $r \leqq -1$ のとき： 明らか．

例 （1） $\displaystyle\lim_{n\to\infty}\frac{3^{n+1}+2^n}{3^n}=\lim_{n\to\infty}\left\{3+\left(\frac{2}{3}\right)^n\right\}=3+0=3$

（2） $\displaystyle\lim_{n\to\infty}\frac{3^{n+1}-4^n}{3^n}=\lim_{n\to\infty}\left\{3-\left(\frac{4}{3}\right)^n\right\}=-\infty$

（3） $a_n=\dfrac{1+(-1)^n}{2}=\begin{cases}0 & (n：奇数) \\ 1 & (n：偶数)\end{cases}$ のとき，

$\{a_n\}$ は，$0, 1, 0, 1, 0, \cdots$ となり，発散（振動）

級 数

数列 $\{a_n\}$ の各項を順に $+$（プラス）で結んだ形

$$a_1+a_2+\cdots+a_n+\cdots\cdots$$

◀ 初項は a_0 でも a_1 でもよい

◀ $\displaystyle\sum_{n=1}^{\infty}a_n$ とも記す

を，一般項 a_n の**級数**という．$\{a_n\}$ の部分和

$$S_n=a_1+a_2+\cdots+a_n$$

の作る数列 $\{S_n\}$ が S に収束するとき，この S を，上の級数の**和**といい，

$$S=\sum_{n=1}^{\infty}a_n=a_1+a_2+\cdots+a_n+\cdots\cdots$$

と記す．級数とその和を同一記号で表わすのは，慣例なんだ．

例 等比数列 $a, ar, ar^2, \cdots, ar^{n-1}, \cdots$ $(a\neq 0)$ の部分和は，

$$S_n=a+ar+ar^2+\cdots+ar^{n-1}=\frac{a(1-r^n)}{1-r} \quad (r\neq 1)$$

だから，$|r|<1$ のとき，級数は収束し，その和は，

$$S=a+ar+ar^2+\cdots+ar^{n-1}+\cdots=\frac{a}{1-r}$$

◀ 等比級数

べき級数

$$C_0+C_1(x-a)+C_2(x-a)^2+\cdots+C_n(x-a)^n+\cdots\cdots$$

なる**無限次元の多項式**のような級数を，点 a を**中心**とする**べき級数**という．

この級数が収束するような x の範囲を，このべき級数の収束域という．

べき級数は，後日，テイラー展開などで大活躍・必須になるので，楽しみにしていてくれたまえ．では，また．

例題 1.1 ― 関数・数例の極限値

（1） 次の極限値を求めよ．

(ⅰ) $\displaystyle\lim_{x\to +0}\frac{x^2-x}{\sqrt{x}}$ 　　(ⅱ) $\displaystyle\lim_{x\to +0}\frac{\sqrt{x}}{x^2}$

(ⅲ) $\displaystyle\lim_{x\to +\infty}\frac{x}{x^2+1}$ 　　(ⅳ) $\displaystyle\lim_{h\to 0}\frac{\sqrt{x+h}-\sqrt{x}}{h}$

(ⅴ) $\displaystyle\lim_{n\to\infty}\frac{2n^2-5n+1}{3n^2+4n-3}$ 　　(ⅵ) $\displaystyle\lim_{n\to\infty}\frac{2^n+3^n}{5^n}$

(ⅶ) $\displaystyle\lim_{n\to\infty}(\sqrt{n+1}-\sqrt{n})$

（2） $y=x^2+\dfrac{x^2}{1+x^2}+\dfrac{x^2}{(1+x^2)^2}+\dfrac{x^3}{(1+x^2)^3}+\cdots$ のグラフをかけ．

解 （1） (ⅰ)～(ⅲ) は右の **Point** で．

(ⅰ) $\displaystyle\lim_{x\to +0}\frac{x^2-x}{\sqrt{x}}$
$=\displaystyle\lim_{x\to +0}(x^{\frac{3}{2}}-x^{\frac{1}{2}})=0-0=0$

(ⅱ) $\displaystyle\lim_{x\to +0}\frac{\sqrt{x}}{x^2}=\lim_{x\to +0}x^{-\frac{3}{2}}$
$=+\infty$

Point

$\displaystyle\lim_{x\to +0}x^\alpha=\begin{cases}0 & (\alpha>0)\\ 1 & (\alpha=0)\\ +\infty & (\alpha<0)\end{cases}$

$\displaystyle\lim_{x\to +\infty}x^\alpha=\begin{cases}+\infty & (\alpha>0)\\ 1 & (\alpha=0)\\ 0 & (\alpha<0)\end{cases}$

(ⅲ) $\displaystyle\lim_{x\to +\infty}\frac{x}{x^2+1}=\lim_{x\to +\infty}\frac{1}{x+x^{-1}}=0$

(ⅳ) $\displaystyle\lim_{h\to 0}\frac{\sqrt{x+h}-\sqrt{x}}{h}=\lim_{h\to 0}\frac{(\sqrt{x+h}-\sqrt{x})(\sqrt{x+h}+\sqrt{x})}{h(\sqrt{x+h}+\sqrt{x})}$
$=\displaystyle\lim_{h\to 0}\frac{1}{\sqrt{x+h}+\sqrt{x}}=\frac{1}{2\sqrt{x}}$

(ⅴ) $\displaystyle\lim_{n\to\infty}\frac{2n^2-5n+1}{3n^2+4n-3}=\lim_{n\to\infty}\frac{2-\dfrac{5}{n}+\dfrac{1}{n^2}}{3+\dfrac{4}{n}-\dfrac{3}{n^2}}=\frac{2}{3}$

(ⅵ) $\displaystyle\lim_{n\to\infty}\frac{2^n+3^n}{5^n}=\lim_{n\to\infty}\left\{\left(\frac{2}{5}\right)^n+\left(\frac{3}{5}\right)^n\right\}=0+0=0$

(vii) $\displaystyle\lim_{n\to\infty}(\sqrt{n+1}-\sqrt{n}) = \lim_{n\to\infty}\frac{(\sqrt{x+h}-\sqrt{n})(\sqrt{x+h}+\sqrt{n})}{\sqrt{n+1}+\sqrt{n}}$

$\displaystyle= \lim_{n\to\infty}\frac{1}{\sqrt{x+h}+\sqrt{n}} = 0$

(2) 与えられ級数は，初項 x^2，公比 $\dfrac{1}{1+x^2}$ の等比級数．

(i) $x=0$ のとき： $y=0$

(ii) $x \neq 0$ のとき：

|公比|$=\dfrac{1}{1+x^2}<1$ だから，この級数は収束する．その和は，

$$y = \frac{初項}{1-公比} = \frac{x^2}{1-\dfrac{1}{1+x^2}} = 1+x^2$$

求めるグラフは，下のようになる：

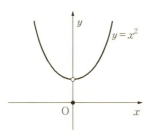

---- Point ----
$a+ar+ar^2+ar^3+\cdots$
$(a\neq 0)$ は，$|r|<1$ のときだけ収束し，その和は，
$$\frac{a}{1-r}$$

=== 演習問題 1.1 ===

(1) 次の極限値を求めよ．

(i) $\displaystyle\lim_{x\to +0}\frac{\sqrt{x^3-x}}{x}$ (ii) $\displaystyle\lim_{x\to 1}\frac{x-1}{\sqrt{x^2-1}}$

(iii) $\displaystyle\lim_{x\to -\infty}\left(\frac{x+1}{x^2}\right)$ (iv) $\displaystyle\lim_{h\to 0}\frac{1}{h}\left(\frac{1}{x+h}-\frac{1}{x}\right)$

(v) $\displaystyle\lim_{n\to\infty}\frac{1-2n+3n^2}{3+5n-2n^2}$ (vi) $\displaystyle\lim_{n\to\infty}\frac{2^{n+1}}{3^n+1}$

(vii) $\displaystyle\lim_{n\to\infty}\sqrt{n}(\sqrt{n+1}-\sqrt{n})$

(2) $y=1-x+x^2-x^3+\cdots\cdots$ $(-1<x<1)$ のグラフをがけ．

§2 指数関数・対数関数

―― 倍々法則の一般化 ――

n 乗根

$a \geqq 0$, $n = 1, 2, 3, \cdots$ とする.

$x^n = a$ を満たす x ($\geqq 0$) を, a の **n 乗根**といい,

$$\sqrt[n]{a}$$

と記す. とくに, 2乗根を, a の**平方根**ともいい, $\sqrt{a}$ と記すことは, ご存じの通り.

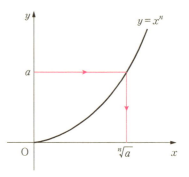

指数関数 a^x

時々刻々増殖し, 1時間後には3倍になるバクテリアがあったとしよう.

はじめの量を A グラムとすると, n 時間後には,

$$A \times 3^n \quad \text{グラム} \quad (n = 0, 1, 2, \cdots)$$

になる. いま, 負の整数, 正負の有理数, さらに, 一般に, 実数 x について a^x というもの考えたい. 実際, a^x は, 次のように定義される:

$a > 0$, n を正の自然数, m を正負の整数とするとき,

(1) $a^0 = 1$, $a^n = \underbrace{a \times a \times \cdots \times a}_{n \text{個}}$, $a^{-n} = \dfrac{1}{a^n}$

(2) $a^{\frac{m}{n}} = (\sqrt[n]{a})^m$

(3) $\{p_n\}$ を無理数 p に収束する有理数列とするとき,

$$a^p = \lim_{n \to \infty} a^{p_n}$$

---
a^x の定義

例 $a^3 = a \times a \times a$, $a^{-4} = \dfrac{1}{a^4}$, $a^{\frac{2}{3}} = (\sqrt[3]{a})^2$, $a^{-\frac{1}{2}} = \dfrac{1}{\sqrt{a}}$

例 $\sqrt{a}$ に収束する有理数列，たとえば，
$$1,\ 1.4,\ 1.41,\ 1.414,\ \cdots\cdots$$
をとり，
$$3^1,\ 3^{1.4},\ 3^{1.4},\ 3^{1.414},\ \cdots\cdots$$
の極限値を，$3^{\sqrt{2}}$ と定義しようというわけ．

◀ これらは定義ずみ

▶ **注** これは，p に収束する有理数列の **選び方に依らない**．なぜ？ $\{p_n\}$，$\{q_n\}$ がともに p に収束する有理数列のとき，$a^{p_1}, a^{q_1}, a^{p_2}, a^{q_2}, \cdots$ とこの部分列 $\{a^{p_n}\}$，$\{a^{q_n}\}$ はすべて同一値に収束する．

p_n	3^{p_n}
1	3
1.4	4.6555367 $\cdots$
1.41	4.7069650 $\cdots$
1.414	4.7276950 $\cdots$
1.4142	4.7287339 $\cdots$
1.41421	4.7287858 $\cdots$
1.414213	4.7288014 $\cdots$
1.4142135	4.7288040 $\cdots$
$\vdots$	$\vdots$
$\sqrt{2}$	4.7288043 $\cdots$

さて，先ほどのバクテリアの話で $x+y$ 時間後の量 $A \times 3^{x+y}$ は，x 時間後の量 $A \times 3^x$ の 3^y 倍になっているハズだから，$A \times 3^{x+y} = A \times 3^x \times 3^y$
$$\therefore\ 3^{x+y} = 3^x \times 3^y$$

これは，〝指数法則〟とよばれ，次の（1）のように一般化される：

$a > 0$，$b > 0$ とし，x, y を任意の実数とするとき，
（1） $a^{x+y} = a^x a^y$ ［**指数法則**］
（2） $a^{xy} = (a^x)^y$
（3） $(ab)^x = a^x b^x$
（4） $a^{x-y} = \dfrac{a^x}{a^y}$，$\left(\dfrac{b}{a}\right)^x = \dfrac{b^x}{a^x}$

---

a^x の定義

例　$(a^3b^{-1})^2(a^{-3}b^2)^3 = (a^6b^{-2})(a^{-9}b^6) = a^{6-9}b^{-2+6} = a^{-3}b^4$

例　$\dfrac{\sqrt{ab^3}}{\sqrt[3]{a^4b}} = \dfrac{(ab^3)^{\frac{1}{2}}}{(a^4b)^{\frac{1}{3}}} = \dfrac{a^{\frac{1}{2}}b^{\frac{3}{2}}}{a^{\frac{4}{3}}b^{\frac{1}{3}}} = a^{\frac{1}{2}-\frac{4}{3}}b^{\frac{3}{2}-\frac{1}{3}} = a^{-\frac{5}{6}}b^{\frac{7}{6}}$

指数関数 e^x

関数 $y=a^x$ ($a>0$) を，a を底とする **指数関数** という．

$a>1 \Rightarrow$ グラフは**右上り**

$a<1 \Rightarrow$ グラフは**右下り**

曲線 $y=a^x$ は，つねに，点 $(0,1)$ を通り，この点における接線の傾きは，a が増えるにつれて増えるから，

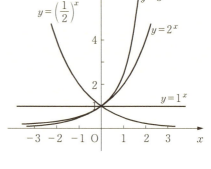

$$\text{傾き} = 1$$

となる a が，**必ずただ一つある** ハズだね．この a を，

$$e$$

と記すことになっている．

じつは，この e は **無理数** で，くわしい値は，

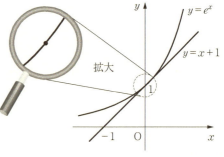

$$e = 2.718281828459045 \cdots$$

◀鮒ひと箸ふた箸ひ箸ふた箸しごく美味しい

この e を底とする指数関数 $y=e^x$ を，**自然指数関数** または単に **指数関数** といい，後に，微積分の主役となる最重要関数なのである．

いま，点 $(0,1)$ のごく近くでは，曲線 $y=e^x$ と直線 $y=x+1$ とはほぼ一致することを見た：

$$x \fallingdotseq 0 \implies e^x \fallingdotseq 1+x$$

$$x \fallingdotseq 0 \implies e \fallingdotseq (1+x)^{\frac{1}{x}}$$

◀両辺を $\dfrac{1}{x}$ 乗した

x が 0 に近ければ近いほど，$(1+x)^{\frac{1}{x}}$ は e に近い．すなわち，

$$\lim_{x \to 0}(1+x)^{\frac{1}{x}} = e$$

x	$(1+x)^{\frac{1}{x}}$
0.1	2.59374 …
0.01	2.70481 …
0.001	2.71692 …
0.0001	2.71814 …
0.00001	2.71826 …
⋮	⋮

$x \to 0$ が, とくに,

$$1, \frac{1}{2}, \frac{1}{3}, \cdots, \frac{1}{n}, \cdots \to 0$$

のような近づき方をしたときは,

$$x \to +0 \iff n \to \infty$$

だから, 次のようにもかけるね:

$$\lim_{n \to \infty}\left(1+\frac{1}{n}\right)^n = e$$

後日, §5 で, e をめぐる類似の公式を説明することにしよう.

対数関数

指数関数 $y=a^x$ ($a>0$) は,

$a>1 \implies$ 増加関数

$a<1 \implies$ 減少関数

いずれの場合も, 正数 M に対して,

$$M = a^N$$

となる N が**ただ一つだけ必ず決まる**.
この N を,

$$\log_a M$$

と記し, ロ゚ゲ゚イ エ゚ム゚ $\log_a M$ などと読むのだ.

$$a^{\log_a M} = a$$

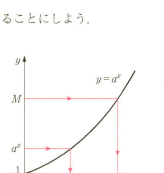

たとえば,

$2^5 = 32$ だから, $\log_2 32 = 5$

$3^{-2} = \frac{1}{9}$ だから, $\log_3 \frac{1}{9} = -2$

$\log_a a = 1$, $\log_a 1 = 0$ ◀ $a^1 = a, a^0 = 1$

> a を何乗すれば, M になるか？ この「何」を $\log_a M$ とかきます.

お気づきのように，指数関数 $y=a^x$ の逆関数を考えているのだね．
$y=a^x$ の x と y とを交換して，$x=a^y$，これを，y について**解いた形**
$y=\cdots$ を，$y=\log_a x$ とかく
わけである：

> 指数関数 $y=a^x$（$0<a\neq1$）の逆関数を，$y=\log_a x$ と記し，a を底とする**対数関数**という．とくに，$\log_e x$ を $\log x$ と略記し，**自然対数関数**または単に**対数関数**という．
>
> $$y=\log_a x \iff x=a^y$$
> $$y=\log x \iff x=e^y$$

対数関数

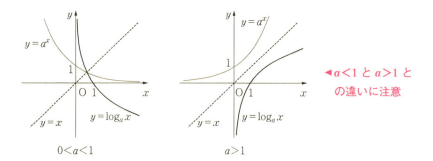

0<a<1　　　　　　　　a>1

◀$a<1$ と $a>1$ との違いに注意

さて，a^x の性質を $\log_a x$ の性質として，かきかえてみると，

> $0<a\neq1$, $0<b\neq1$, $M, N>0$ のとき，
> (1) $\log_a MN = \log_a M + \log_a N$
> (2) $\log_a \dfrac{M}{N} = \log_a M - \log_a N$
> (3) $\log_a M^p = p\log_a M$ 　（p：実数）
> (4) $\log_a M = \dfrac{\log_b M}{\log_b a}$ 　（**底の変換公式**）

$\log_a x$ の性質

証明　　　　$x = \log_a M$, $y = \log_a N$

とおけば，

$$M = a^x, \quad N = a^y$$ ◀対数表示を指数表示へ

(1) $$MN = a^x a^y = a^{x+y}$$ ◀指数法則

$$\therefore \quad \log_a MN = x + y = \log_a M + \log_a N$$ ◀再び対数表示

(2) (1) と同様．

(3) $$M^p = (a^x)^p = a^{xp} = a^{px}$$

$$\therefore \quad \log_a M^p = px = p\log_a M$$ ◀できた！

(4) $$\log_b M = \log_b a^x = x\log_b a = \log_a M \cdot \log_b a$$ ◀(3) による

$$\therefore \quad \log_a M = \frac{\log_b M}{\log_b a}$$

例 $\log_2 12 - \dfrac{1}{2}\log_2 18$

$= \log_2 12 - \log_2 \sqrt{18}$

$= \log_2 \dfrac{12}{\sqrt{18}} = \log_2 2^{\frac{3}{2}} = \dfrac{3}{2}$

例 $\log_4 9 = \dfrac{\log_2 9}{\log_2 4} = \dfrac{2\log_2 3}{2\log_2 4} = \log_2 3$

公式は正しく！
$\dfrac{\log_a M}{\log_a N} = \log_a M - \log_a N$
は，**重大ミス**だ．

指数・対数関数のグラフの位置関係

次のグラフの位置関係ととくに**対称性**は，必須事項．

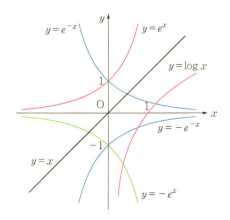

例題 2.1 — 指数計算・対数計算

（1） 次の式を簡単にせよ．ただし，$a, b > 0$ とする．

　（ i ） $\dfrac{(a^{\frac{1}{2}}b^{-1})^3}{(ab^2)^{\frac{1}{4}}}$ 　　　　　　　　（ ii ） $\dfrac{\sqrt[4]{a^2 b}\,\sqrt[3]{b^5}}{\sqrt{a^3 b^3}}$

　（iii） $\log_3 9\sqrt{5} + \dfrac{1}{2}\log_3 \dfrac{9}{5}$ 　　　　（iv） $\dfrac{\log_2 3}{\log_4 9}$

（2） 次の不等式を解け．

　（ i ） $4^{3x+1} \leqq 2^{x+1}$ 　　　　　　　　（ ii ） $3^{2x+1} + 2 \cdot 3^x \leqq 1$

　（iii） $\log_{\frac{1}{3}}(x-2) \geqq \log_9 \dfrac{1}{x}$

解　（1）（ i ） $\dfrac{(a^{\frac{1}{2}}b^{-1})^3}{(ab^2)^{\frac{1}{4}}} = \dfrac{a^{\frac{3}{2}}b^{-3}}{a^{\frac{1}{4}}b^{\frac{2}{4}}} = a^{\frac{3}{2}-\frac{1}{4}}b^{-3-\frac{2}{4}} = a^{\frac{5}{4}}b^{-\frac{7}{2}}$

（ ii ） $\dfrac{\sqrt[4]{a^2 b}\,\sqrt[3]{b^5}}{\sqrt{a^3 b^3}} = \dfrac{a^{\frac{2}{4}}b^{\frac{1}{4}}b^{\frac{5}{3}}}{a^{\frac{3}{2}}b^{\frac{3}{2}}} = a^{\frac{2}{4}-\frac{3}{2}}b^{\frac{1}{4}+\frac{5}{3}-\frac{3}{2}} = a^{-1}b^{-\frac{5}{12}}$

（iii） $\log_3 9\sqrt{5} + \dfrac{1}{2}\log_3 \dfrac{9}{5} = \log_3 9\sqrt{5}\sqrt{\dfrac{9}{5}} = \log_3 3^3 = 3$

（iv） $\log_4 9 = \dfrac{\log_2 9}{\log_2 4} = \dfrac{\log_2 3^2}{\log_2 2^2} = \dfrac{2\log_2 3}{2\log_2 2} = \log_2 3$ 　$\therefore$ 　$\dfrac{\log_2 3}{\log_4 9} = 1$

（2） 右の **Point** による．

（ i ） $4^{3x+1} \leqq 2^{x+1}$

　　$2^{2(3x+1)} \leqq 2^{x+1}$

$\therefore$ 　$2(3x+1) \leqq x+1$

$\therefore$ 　$x \leqq -\dfrac{1}{5}$

（ ii ） $3^{2x+1} + 2 \cdot 3^x \leqq 1$

　　$3 \cdot 3^{2x} + 2 \cdot 3^x - 1 \leqq 0$

　　$3 \cdot (3^x)^2 + 2 \cdot 3^x - 1 \leqq 0$

　　$(3^x + 1)(3 \cdot 3^x - 1) \leqq 0$

> **Point**
> $a > 1$ のとき： $x_1 \leqq x_2 \Leftrightarrow a^{x_1} \leqq a^{x_2}$
> $a < 1$ のとき： $x_1 \leqq x_2 \Leftrightarrow a^{x_1} \geqq a^{x_2}$

◀ 3^x の2次不等式

ところで，$3^x+1>0$ だから，

$$3 \cdot 3^x - 1 \leqq 0 \quad \therefore \quad 3^x \leqq \frac{1}{3} = 3^{-1} \quad \therefore \quad x \leqq -1$$

(iii) $\log_{\frac{1}{3}}(x-2) \geqq \log_9 \frac{1}{x}$ ◀ $\log M$ の中味 M を真数とよぶ．つねに，真数 >0 である．

真数 >0 より，$x-2>0$, $\frac{1}{x}>0$. ゆえに，$x>2$.

$$\frac{\log_3(x-2)}{\log_3 \frac{1}{3}} \geqq \frac{\log_3 x^{-1}}{\log_3 9}$$ ◀ 底を 3 に統一

$$\therefore \quad \frac{\log_3(x-2)}{-1} \geqq \frac{\log_3 x^{-1}}{2}$$

$$\therefore \quad \log_3(x-2)^2 \leqq \log_3 x$$ ◀ 両辺に -2 を掛けた 不等号逆向

$$\therefore \quad (x-2)^2 \leqq x$$

$$\therefore \quad x^2 - 5x + 4 \leqq 0 \quad \therefore \quad (x-1)(x-4) \leqq 0$$

この解 $1 \leqq x \leqq 4$ と，真数 >0 より得る $x>2$ との共通範囲より，求める解は，

$$2 < x \leqq 4$$

演習問題 2.1

（1） 次の式を簡単にせよ．ただし，$a, b > 0$ とする．

(i) $\dfrac{a^{10}b^4}{(ab^3)^2(a^2b)^3}$ 　　(ii) $\dfrac{a\sqrt[3]{b}}{\sqrt{a\sqrt{b}}}$

(iii) $\log_{\frac{1}{8}} 6 + \log_{64} \dfrac{1}{12}$ 　　(iv) $\log_2 3 \cdot \log_3 5 \cdot \log_5 8$

（2） 次の不等式を解け．

(i) $\left(\dfrac{1}{4}\right)^{3x+1} \leqq \left(\dfrac{1}{2}\right)^{x+1}$ 　　(ii) $\left(\dfrac{1}{3}\right)^{4x} + \left(\dfrac{1}{9}\right)^x \leqq 12$

(iii) $\log_5(x+2) + \log_5(2x-1) \geqq 2$

§3 三角関数・逆三角関数

―― 別名 "円関数" という なぜ？ ――

三角関数

諸君ご存じのことでしょうが角度を測るのには，二つの方法がある：

　　六十分法…分度器で測る
　　弧　度　法…糸で測る

点 O を中心とする半径 1 の円に糸を巻くとき，糸の長さが θ のとき，

$$\angle \mathrm{AOP} = \theta \quad (\text{ラジアン})$$

という．糸は何重に巻いてもよく，逆まわりでもいいんだ．また，

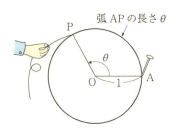

◀ 単位ラジアンは略すのがふつう

$$\pi \text{ ラジアン} = 180 \text{ 度}$$

より，両者互いに**換算**できるね．

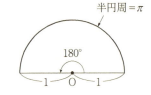

そこで，三角関数 cos, sin, tan を，次のように定義する：

図で OP と x 軸の正の部分との交角を θ とするとき，

　点 P の x 座標を **cos θ**
　点 P の y 座標を **sin θ**

とかく．さらに，

$$\tan \theta = \frac{\sin \theta}{\cos \theta}$$

とおく．

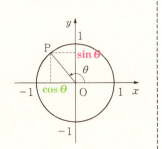

三角関数

さらに，さらに，次を追加し，6個まとめて，三角関数とよぶ：

$$\overset{\text{コタンジェント}}{\cot \theta} = \frac{\cos \theta}{\sin \theta}, \quad \overset{\text{セカント}}{\sec \theta} = \frac{1}{\cos \theta}, \quad \overset{\text{コセカント}}{\operatorname{cosec} \theta} = \frac{1}{\sin \theta}$$

有名角の cos, sin は，**三角定規**が，おすすめ．

　　正三角形を 2 等分した 30° 定規
　　正　方　形を 2 等分した 45° 定規

を利用すると，cos, sin の値がすぐ求められるよ．

例

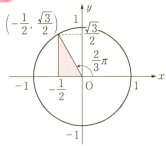

$$\cos\frac{2}{3}\pi = \cos 120° = -\frac{1}{2}$$

$$\sin\frac{2}{3}\pi = \sin 120° = \frac{\sqrt{3}}{2}$$

$$\cos\left(-\frac{\pi}{4}\right) = \cos(-45°) = \frac{\sqrt{2}}{2}$$

$$\sin\left(-\frac{\pi}{4}\right) = \sin(-45°) = -\frac{\sqrt{2}}{2}$$

それでは，有名角の cos, sin, tan の値をまとめておこう：

度	0°	30°	45°	60°	90°	120°	150°	180°	270°	360°
ラジアン	0	$\frac{\pi}{6}$	$\frac{\pi}{4}$	$\frac{\pi}{3}$	$\frac{\pi}{2}$	$\frac{2}{3}\pi$	$\frac{5}{6}\pi$	π	$\frac{2}{3}\pi$	2π
cos	1	$\frac{\sqrt{3}}{2}$	$\frac{\sqrt{2}}{2}$	$\frac{1}{2}$	0	$-\frac{1}{2}$	$-\frac{\sqrt{3}}{2}$	-1	0	1
sin	0	$\frac{1}{2}$	$\frac{\sqrt{2}}{2}$	$\frac{\sqrt{3}}{2}$	1	$\frac{\sqrt{3}}{2}$	$\frac{1}{2}$	0	-1	0
tan	0	$\frac{\sqrt{3}}{3}$	1	$\sqrt{3}$	$\pm\infty$	$-\sqrt{3}$	$-\frac{\sqrt{3}}{3}$	0	$\pm\infty$	0

例 さらに，いくつかの例を挙げておく．

$$\cos\left(-\frac{5}{6}\pi\right) = -\frac{\sqrt{3}}{2}, \quad \sin\left(-\frac{5}{6}\pi\right) = -\frac{1}{2}, \quad \tan\left(-\frac{5}{6}\pi\right) = \frac{\sqrt{3}}{3} \quad \blacktriangleleft -\frac{5}{6}\pi = -150°$$

$$\cos\left(-\frac{3}{4}\pi\right) = -\frac{\sqrt{2}}{2}, \quad \sin\left(-\frac{3}{4}\pi\right) = -\frac{\sqrt{2}}{2}, \quad \tan\left(-\frac{3}{4}\pi\right) = 1 \quad \blacktriangleleft -\frac{3}{4}\pi = -135°$$

cos・sin・tan のグラフ

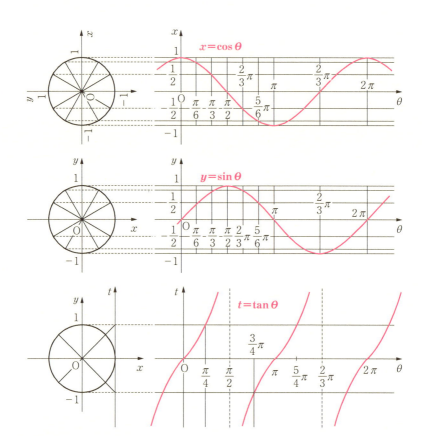

三角関数の基本公式

●相互関係

$$\cos^2\theta + \sin^2\theta = 1$$

$$\tan\theta = \frac{\sin\theta}{\cos\theta}, \quad 1+\tan^2\theta = \frac{1}{\cos^2\theta}$$

●周期性

$$\cos(\theta + 2n\pi) = \cos\theta$$

$$\sin(\theta + 2n\pi) = \sin\theta$$

$$\tan(\theta + n\pi) = \tan\theta$$

●加法定理

$\cos(\alpha \pm \beta) = \cos\alpha \cos\beta \mp \sin\alpha \sin\beta$

$\sin(\alpha \pm \beta) = \sin\alpha \cos\beta \pm \cos\alpha \sin\beta$

$\tan(\alpha \pm \beta) = \dfrac{\tan\alpha \pm \tan\beta}{1 \mp \tan\alpha \tan\beta}$

●負角の公式

$\cos(-\theta) = \cos\theta$

$\sin(-\theta) = -\sin\theta$

$\tan(-\theta) = -\tan\theta$

 一般角の加法定理の証明

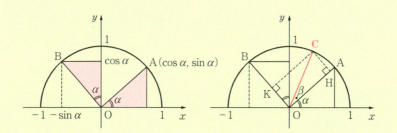

図をご覧下さい．点 A の座標を，$A(\cos\alpha, \sin\alpha)$ とします．

$\overrightarrow{OA}$ を点 O を中心に，$90°$ 回転したものを $\overrightarrow{OB}$

$\overrightarrow{OA}$ を点 O を中心に β だけ回転したものを $\overrightarrow{OC}$

としますと，

$B(-\sin\alpha, \cos\alpha)$, $C(\cos(\alpha+\beta), \sin(\alpha+\beta))$

ですから，このとき，

$\overrightarrow{OC} = \overrightarrow{OH} + \overrightarrow{OK} = \cos\beta \, \overrightarrow{OA} + \sin\beta \, \overrightarrow{OB}$

すなわち，

$$\begin{bmatrix} \cos(\alpha+\beta) \\ \sin(\alpha+\beta) \end{bmatrix} = \cos\beta \begin{bmatrix} \cos\alpha \\ \sin\alpha \end{bmatrix} + \sin\beta \begin{bmatrix} -\sin\alpha \\ \cos\alpha \end{bmatrix}$$

加法定理は，この等式を，**成分ごとに記しただけのもの**です：

$$\begin{cases} \cos(\alpha+\beta) = \cos\alpha \cos\beta - \sin\alpha \sin\beta \\ \sin(\alpha+\beta) = \sin\alpha \cos\beta + \cos\alpha \sin\beta \end{cases}$$

三角関数の公式の大部分は，この加法定理と相互関係から導かれる．少しばかりやってみよう．

$$\begin{cases} \cos(\alpha+\beta) = \cos\alpha\cos\beta - \sin\alpha\sin\beta & \cdots\cdots\cdots\cdots\text{①} \\ \sin(\alpha+\beta) = \sin\alpha\cos\beta + \cos\alpha\sin\beta & \cdots\cdots\cdots\cdots\text{②} \end{cases}$$

例 公式①で，$\alpha = 45°$，$\beta = 30°$ とおけば，
$$\cos 75° = \cos(45° + 30°) = \cos 45° \cos 30° - \sin 45° \sin 30°$$
$$= \frac{\sqrt{2}}{2}\frac{\sqrt{3}}{2} - \frac{\sqrt{2}}{2}\frac{1}{2} = \frac{\sqrt{6}-\sqrt{2}}{4}$$

例 **2倍角の公式** 公式②で，$\beta = \alpha$ とおけば，
$$\sin 2\alpha = \sin(\alpha+\alpha) = \sin\alpha\cos\alpha + \cos\alpha\sin\alpha = 2\cos\alpha\sin\alpha$$

例 **積和公式・和積公式** の導き方

$$\cos(\alpha+\beta) = \cos\alpha\cos\beta - \sin\alpha\sin\beta$$
$$\underline{+)\ \cos(\alpha-\beta) = \cos\alpha\cos\beta + \sin\alpha\sin\beta}$$
$$\cos(\alpha+\beta) + \cos(\alpha-\beta) = 2\cos\alpha\cos\beta$$

この等式の両辺を 2 で割れば，
$$\cos\alpha\cos\beta = \frac{1}{2}\{\cos(\alpha+\beta) + \cos(\alpha-\beta)\} \quad \text{[積和公式]}$$

また，$\alpha+\beta = A$, $\alpha+\beta = B$ とおけば，
$$\cos A + \cos B = 2\cos\frac{A+B}{2}\cos\frac{A-B}{2} \quad \text{[和積公式]}$$

逆三角関数

いままで，角が与えられたとき，たとえば，
$$x = \frac{3}{4}\pi \implies \cos x = -\frac{\sqrt{2}}{2}$$

ということを考えた．今度は，逆に，
$$\cos x = -\frac{\sqrt{2}}{2} \implies x = \boxed{}$$

という問題を考えよう．このような x は，一般角では無数にあるね．
　しかし，手近な範囲
$$0 \leqq x \leqq \pi$$

だけを考えれば，$y = \cos x$ は，1 から -1 まで単調に減少するから，

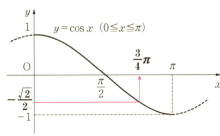

$\cos^{-1}$ を，インバース・コサインまたはアーク・コサインと読みます

$-1 \leqq y \leqq 1$ なる y に対して，
$$y = \cos x, \; 0 \leqq x \leqq \pi$$
なる y が，**ただ一つだけ**，必ず決まる．この x を，
$$x = \cos^{-1} y$$
と記すのである．すなわち，$\cos^{-1}$ は，
$$y = \cos x \quad (0 \leqq x \leqq \pi) \quad \text{の逆関数}$$
なのだ．同様に，
$$y = \sin x \quad \left(-\frac{\pi}{2} \leqq x \leqq \frac{\pi}{2}\right) \quad \text{の逆関数}$$
$$y = \tan x \quad \left(-\frac{\pi}{2} < x < \frac{\pi}{2}\right) \quad \text{の逆関数}$$
を，それぞれ，$\sin^{-1}$, $\tan^{-1}$ と定義する．

---

(1) $y = \cos^{-1} x \iff x = \cos y \;\; (0 \leqq y \leqq \pi)$

(2) $y = \sin^{-1} x \iff x = \sin y \;\; \left(-\frac{\pi}{2} \leqq y \leqq \frac{\pi}{2}\right)$

(3) $y = \tan^{-1} x \iff x = \tan y \;\; \left(-\frac{\pi}{2} < y < \frac{\pi}{2}\right)$

逆三角関数

▶注　他に，$\cot^{-1} x$, $\sec^{-1} x$, $\operatorname{cosec}^{-1} x$ を考えることもある．

例　$\sin^{-1} \dfrac{\sqrt{2}}{2} = \dfrac{\pi}{4}$, $\tan^{-1}(-\sqrt{3}) = -\dfrac{\pi}{3}$

● $\cos^{-1}$, $\sin^{-1}$, $\tan^{-1}$ のグラフ

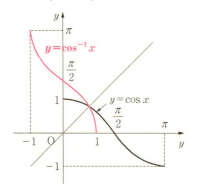
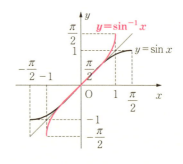

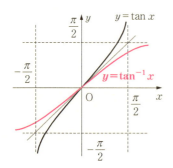

◀ $y=\cos^{-1}x$ と $y=\cos x$ のグラフは，直線 $y=x$ に関して対称. $y=\sin^{-1}x$, $y=\tan^{-1}x$ も同様.

双曲線関数

$y=e^x$ の偶部・奇部を，それぞれ，

$$\cosh x = \frac{e^x + e^{-x}}{2}$$

$$\sinh x = \frac{e^x - e^{-x}}{2}$$

と記し，さらに，

$$\tanh x = \frac{\sinh x}{\cosh x} = \frac{e^x - e^{-x}}{e^x + e^{-x}}$$

と記す．さらに，さらに，

$\coth x$, $\mathrm{sech}\, x$, $\mathrm{cosech}\, x$ を加え，**双曲線関数**と総称する.

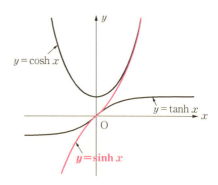

● 基本公式

$\cosh^2 x - \sinh^2 x = 1$ ◀相互関係

$\cosh(x \pm y) = \cosh x \cosh y \pm \sinh x \sinh y$ ◀双曲線関数
の加法定理
$\sinh(x \pm y) = \sinh x \cosh y \pm \cosh x \sinh y$

プラスα　三角関数と双曲線関数

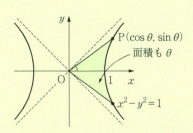

三角関数は，円関数ともよばれ，円から定義されますが，双曲線関数は，双曲線から定義されます．

単振動の合成

$a \sin x + b \cos x = \sqrt{a^2 + b^2} \sin(x + \alpha)$

ただし，

$$\cos \alpha = \frac{a}{\sqrt{a^2 + b^2}}, \quad \sin \alpha = \frac{b}{\sqrt{a^2 + b^2}}$$

例　$\sqrt{3} \sin x + \cos x$

$= 2\left(\dfrac{\sqrt{3}}{2} \sin x + \dfrac{1}{2} \cos x\right)$

$= 2\left(\sin x \cos \dfrac{\pi}{6} + \cos x \sin \dfrac{\pi}{6}\right)$

$= 2 \sin\left(x + \dfrac{\pi}{6}\right)$ ◀加法定理を逆用

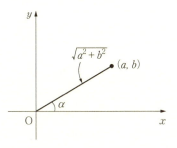

第1章　関数・数列の極限値　27

例題 3.1　　　　　　　　　　　三角関数・逆三角関数

（1）次の値を求めよ．

　（ i ）$\cos\dfrac{5}{12}\pi$　　（ ii ）$\sin\dfrac{\pi}{8}$　　（iii）$\sin^{-1}\left(\sin\dfrac{5}{6}\pi\right)$

（2）次の関数のグラフをかけ．

　（ i ）$y=\sin(\sin^{-1}x)$　　（ ii ）$y=\sin^{-1}(\sin x)$

（3）2直線 $y=3x$, $y=\dfrac{1}{2}x$ の交角 θ $\left(0<\theta<\dfrac{\pi}{2}\right)$ を求めよ．

解　（1）三角関数の加法定理による．

（ i ）$\cos\dfrac{5}{12}\pi=\cos\left(\dfrac{\pi}{4}+\dfrac{\pi}{6}\right)=\cos\dfrac{\pi}{4}\cos\dfrac{\pi}{6}-\sin\dfrac{\pi}{4}\sin\dfrac{\pi}{6}$

$\qquad\qquad=\dfrac{\sqrt{2}}{2}\dfrac{\sqrt{3}}{2}-\dfrac{\sqrt{2}}{2}\dfrac{1}{2}=\dfrac{\sqrt{6}-\sqrt{2}}{4}$

（ ii ）$\sin^2\dfrac{\pi}{8}=\dfrac{1}{2}\left(1-\cos\dfrac{\pi}{4}\right)=\dfrac{2-\sqrt{2}}{4}$　　◀ $\sin^2 A=\dfrac{1-\cos 2A}{2}$

$\therefore\quad \sin\dfrac{\pi}{8}=\dfrac{\sqrt{2-\sqrt{2}}}{2}\quad\left(\because\ \sin\dfrac{\pi}{8}>0\right)$

（iii）$\sin^{-1}\left(\sin\dfrac{5}{6}\pi\right)=\sin^{-1}\dfrac{1}{2}=\dfrac{\pi}{6}$　　◀ $-\dfrac{\pi}{2}\leqq\sin^{-1}\dfrac{1}{2}\leqq\dfrac{\pi}{2}$

（2）（ i ）$\sin^{-1}x$ の定義域は，$-1\leqq x\leqq 1$．このとき，

$$y=\sin(\sin^{-1}x)=x\quad(-1\leqq x\leqq 1)$$

ゆえに，求めるグラフは，下図のようになる：

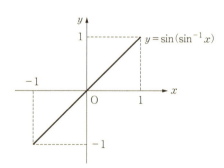

（ ii ）　$\sin x$ の定義域は，$-\infty < x < +\infty$　このとき，$-1 \leqq \sin x \leqq 1$.

$y = \sin^{-1}(\sin x)$ の値域は，$-\dfrac{\pi}{2} \leqq y \leqq \dfrac{\pi}{2}$.

$y = \sin^{-1}(\sin x) \Longrightarrow \lceil \sin y = \sin x \Leftrightarrow y = n\pi + (-1)^n x \rfloor$

ゆえに，求めるグラフは，下図のようになる：

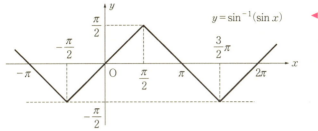

◀グラフは，
$y = n\pi + (-1)^n x$
$(n = 0, \pm 1, \cdots)$
の $-\dfrac{\pi}{2} \leqq y \leqq \dfrac{\pi}{2}$ の部分．

（ 3 ）　$y = 3x,\ y = \dfrac{1}{2}x$ と x 軸の正部分との交角を，それぞれ，α, β とすると，

$\tan \alpha = 3,\ \tan \beta = \dfrac{1}{2},\ \theta = \alpha - \beta$

$\tan \theta = \tan(\alpha - \beta) = \dfrac{\tan \alpha - \tan \beta}{1 + \tan \alpha \tan \beta}$

$ = \dfrac{3 - (1/2)}{1 - 3 \cdot (1/2)} = 1 \quad \therefore\ \theta = \dfrac{\pi}{4}$

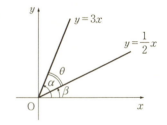

=== **演習問題 3.1** ===

（1）次の値を求めよ．

　（ i ）　$\tan \dfrac{\pi}{8}$　　（ ii ）　$\cos \dfrac{\pi}{12}$　　（ iii ）　$\cos^{-1}\left(\cos \dfrac{3}{4}\pi\right)$

（2）次の関数のグラフをかけ．

　（ i ）　$y = \cos(\cos^{-1} x)$　　　　（ ii ）　$y = \cos^{-1}(\cos x)$

（3）2直線 $y = 5x,\ y = \dfrac{2}{3}x$ の交角 $\theta\ \left(0 < \theta < \dfrac{\pi}{2}\right)$ を求めよ．

第2章 微 分 法

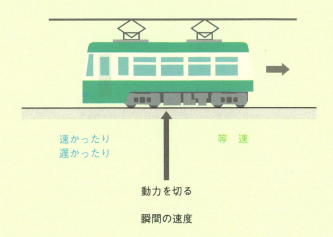

ある列車の発車後 t 時間の走行距離を $f(t)$ km とする.いま,時刻 $t=a$ のとき,突然動力を切れば,この瞬間から列車は(摩擦や抵抗を考えなければ)等速で走り続けるだろう.

等速で走り続けるこの速度こそが,
　　　　時刻 $t=a$ における瞬間の速度 $f'(a)$
なのです.瞬間の速度は目に見えるものです.

§4 微分係数・導関数

――― 1点の近くで曲線を接線で代用 ―――

微分係数

さあ，いよいよ，微分法に入るよ．では，行こう！

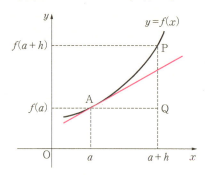

1点 a の近くでの関数 $y=f(x)$ の変化の状況を調べよう．

x が，a から $a+h$ まで変化するとき，

y は，$f(a)$ から $f(a+h)$ まで変化する

このとき，x の変化高と y の変化高の比

$$\frac{f(a+h)-f(a)}{h}=\frac{\mathrm{PQ}}{\mathrm{AQ}}$$

◀ 直線 AP の傾き

を考え，x の変化高 h を 0 に近づけると，点 P は曲線 $y=f(x)$ 上を点 A に近づく．このとき，

$$\frac{f(a+h)-f(a)}{h}$$

が，一定値 α に近づくならば，直線 AP は，点 A$(a, f(a))$ を通り傾き α の直線 l に近づく．この極限値 α を，点 a における関数 $f(x)$ の**微分係数**といい，$f'(a)$ とかくのだ．また，直線 l を，曲線 $y=f(x)$ の点 A における**接線**というのだ．

> 点 a を含む区間で定義された関数 $y=f(x)$ について,
> $$f'(a) = \lim_{h \to 0} \frac{f(a+h) - f(a)}{h}$$
> が存在するとき,関数 $f(x)$ は**点 a で微分可能**であるといい,$f'(a)$ を点 a における**微分係数**という.
>
> また,ある区間のすべての点で微分可能であるとき,その区間で微分可能であるという.

◁ 微分可能
微分係数

▶注 $x = a + h$ とおけば "$h \to 0 \Leftrightarrow x \to a$" だから,
$$f'(a) = \lim_{x \to a} \frac{f(x) - f(a)}{x - a}$$
◁ $f'(a)$ の別表現

例 $f(x) = x^2$ のとき,
$$f'(a) = \lim_{h \to 0} \frac{(a+h)^2 - a^2}{h} = \lim_{h \to 0}(2a + h) = 2a$$

例 $f(x) = |x|$ のとき,
$$f'(a) = \lim_{h \to 0} \frac{|a+h| - |0|}{h}$$
$$= \lim_{h \to 0} \frac{|h|}{h} = \begin{cases} 1 & (h > 0) \\ -1 & (h < 0) \end{cases}$$

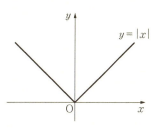

ご覧のように,$f(x) = |x|$ は,点 0 で**微分可能ではない**.

● 関数 $y = f(x)$ について,

$$\text{点 } a \text{ で微分可能} \implies \text{点 } a \text{ で連続}$$

証明 $\displaystyle \lim_{x \to a}(f(x) - f(a)) = \lim_{x \to a}\left\{\frac{f(x) - f(a)}{x - a}(x - a)\right\}$
$$= \lim_{x \to a} \frac{f(x) - f(a)}{x - a} \cdot \lim_{x \to a}(x - a) = f'(a) \cdot 0 = 0$$
∴ $\displaystyle \lim_{x \to a} f(x) = f(a)$,$f(x)$ は点 a で連続

▶注 逆は成立しない.たとえば,$f(x) = |x|$ は点 0 で連続であるが,微分可能ではない.

関数 $f(x)$ の微分可能性を，次のように言いかえることもできるよ：

> 関数 $f(x)$ が点 a で微分可能であることは，次を満たす定数 A と，点 0 の近くで定義された h の関数 $r(h)$ が存在することである：
> $$f(a+h)-f(a)=Ah+r(h)h,\ \lim_{h\to 0}r(h)=0 \qquad (*)$$

微分可能性の別表現

証明 まず，関数 $f(x)$ が点 a で微分可能としよう．このとき，
$$A=f'(a),\quad r(h)=\begin{cases}\dfrac{f(a+h)-f(a)}{h}-A & (h\neq 0)\\ 0 & (h=0)\end{cases}$$
とおけば，これらは，上の条件（＊）を満たしている．いいね．

逆に，（＊）を満たす定数 A と，関数 $r(h)$ があったとすると，
$$\lim_{h\to 0}\frac{f(a+h)-f(a)}{h}=\lim_{h\to 0}(A+r(h))=A$$
ゆえに，関数 $f(x)$ は点 a で微分可能で，$A=f'(a)$ だね．

▶**注** 二変数関数の微分可能性（§12）は，分母を払った上の形で定義される．

さて，点 a で微分可能な関数 $f(x)$ において，変数 x が a から $a+h$ まで変わるとき，変数値の変化高 h に対する関数値の変化高を，
$$f(a+h)-f(a)=f'(a)h+r(h)h,\ \lim_{h\to 0}r(h)=0 \qquad (**)$$

↑主要部　↑誤差項

のように分けることができる．すなわち，$h\fallingdotseq 0$（h は 0 に近い）のとき，

$f(a+h)-f(a)$ は，ほぼ $f'(a)h$ に等しく，

$r(h)\fallingdotseq 0$ だから，積 $r(h)h$ は**ますます 0 に近い**

これが，$f'(a)h$ を主要部，$r(h)h$ を誤差項とよぶ理由なんだ．

いま，上の（＊＊）で，$x=a+h$ とおけば．
$$f(x)=f(a)+f'(a)(x-a)+(x-a)r(x-a) \qquad \cdots\cdots\cdots Ⓐ$$

これは，関数 $y=f(x)$ が点 a の近くで，1次関数
$$y=f(a)+f'(a)(x-a) \quad \cdots\cdots\cdots\cdots\cdots\cdots \text{Ⓑ}$$
で近似され，$x\fallingdotseq a$ のとき，$(x-a)r(x-a)$ は，ますます0に近いので，この近似は"最良近似"だと考えられる．ちなみに，この局所最良近似1次関数Ⓑのグラフを，曲線 $y=f(x)$ の点 a における**接線**とよぶ．

1点の近所で，その曲線を接線で代用しよう

これが，**微分法の中心思想**になっている．ぜひ頭に入れおいて欲しいな．

微 分

いま述べたことに関連して，"微分"という大切な概念を説明しよう．

$y=f(x)$ の点 a における変数値の変化高 h に関数値の変化高
$$f(a+h)-f(a)=f'(a)h+r(h)h$$
の主要部 $f'(a)h$ を対応させる正比例関数を，
$$(df)_a : h \longmapsto f'(a)h \qquad \blacktriangleleft (df)_a(h)=f'(a)h$$
と記し，点 a における関数 $f(x)$ の**微分** (differential) とよぶ．　　微分

$(df)_a(h)=f'(a)h$ を，$(dy)_a(h)=f'(a)(dx)_a$ または，単に，$dy=f'(a)dx$ とかいたりするが，よく見ると，$f'(a)$ は，正比例関数"微分"の係数になっているね．これが，**微分係数の語源**なんだ．

dx, dy は，図のように，**局所座標の座標軸の名前**だ．

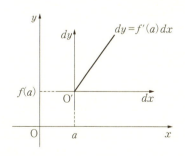

微分係数・微分する・微分・導関数の区別を，明確に！

▶**注**　"微分"は伝統的には"全微分"とよばれ，関数と関数値とをハッキリ区別せず，$\varDelta y=f'(x)\varDelta x$ などと記されていた．

微分法の公式

点 a をいろいろ変えると，微分係数 $f'(a)$ もいろいろ変わる．

一般に，点 x に，その点の微分係数 $f'(x)$ を対応させる関数

$$x \longmapsto f'(x) = \lim_{h \to 0} \frac{f(x+h) - f(x)}{h}$$

◂ $f'(a)$ の定義で a を x に変える

を，$y = f(x)$ の**導関数**とよび．

$$f'(x), \quad y', \quad \frac{d}{dx}f(x), \quad \frac{dy}{dx}$$

などと記す．$f(x)$ の導関数を求めることを，$f(x)$ を**微分する**という．

それでは，次に，微分法の公式を列挙しておこう：

●和差積商の微分法

(1) $(af(x) + bg(x))' = af'(x) + bg'(x)$

(2) $(f(x)g(x))' = \boldsymbol{f'(x)}g(x) + f(x)\boldsymbol{g'(x)}$

(3) $\left(\dfrac{f(x)}{g(x)}\right)' = \dfrac{f'(x)g(x) - f(x)g'(x)}{(g(x))^2}$

●合成関数の微分法

$u = g(x), \ y = f(u) = f(g(x))$ のとき

$$y' = f'(g(x))g'(x), \quad \frac{dy}{dx} = \frac{dy}{du}\frac{du}{dx}$$

微分法の公式

証明 和差積商の微分法 (3) の証明だけを記すことにする．

$$\frac{1}{h}\left(\frac{f(x+h)}{g(x+h)} - \frac{f(x)}{g(x)}\right)$$

$$= \left(\frac{f(x+h) - f(x)}{h}g(x) - f(x)\frac{g(x+h) - g(x)}{h}\right)\frac{1}{g(x+h)g(x)}$$

の両辺の $h \to 0$ を考えればよい．$g(x)$ の**連続性**により，点 x の近くで，$g(x+h) \ne 0$ であって，$g(x+h) \to g(x)$（$h \to 0$）であるから，証明すべき等式が得られる．

次に，合成関数の微分法の証明を記そう．
$$k = \underline{g(x+h) - g(x)} = \underline{g'(x)h + r(h)h}, \quad r(h) \to 0 \quad (h \to 0)$$
とおけば，
$$f(g(x+h)) - f(g(x)) = f(\underline{g(x) + k}) - f(g(x))$$
$$= f'(g(x))k + s(k)k, \quad s(k) \to 0 \quad (k \to 0) \quad \blacktriangleleft \text{となる } s(k) \text{ が存在}$$
$$= f'(g(x))(\underline{g'(x)h + r(h)h}) + s(k)(\underline{g'(x)h + r(h)h})$$
$$= f'(g(x))g'(x)h + \{f'(g(x))r(h) + s(k)g'(x) + s(k)r(h)\}h$$

この式で，
$$h \to 0 \text{ のとき}, \quad r(h) \to 0, \; k \to 0, \; s(k) \to 0$$
となるから，{ }の中味→0となって，めでたく証明完了というわけ．

▶注　ゴタゴタした感じだけれど，xの変化高hに対する$u = g(x)$の変化高kは，$k ≒ g'(x)h$．このuの変化高kに対する$y = f(u)$の変化は，おおよそ$f'(u)k$だから，主要部だけに着目すれば，
$$f(g(x+h)) - f(g(x)) ≒ f'(u)k ≒ f'(g(x))g'(x)h$$
証明の骨格は，これだけである．

図らずも，空理空論が続いてしまった．さっそく，具体例に入ろう．

例　（1）　$f(x) = x^n \quad (n = 1, 2, \cdots)$　のとき：
$$f'(a) = \lim_{x \to a} \frac{x^n - a^n}{x - a} \quad \blacktriangleleft \text{等比数列の和を連想}$$
$$\lim_{x \to a}(x^{n-1} + ax^{n-2} + a^2 x^{n-3} + \cdots + a^{n-1}) = na^{n-1}$$
ゆえに，次がえられる：
$$(x^n)' = nx^{n-1} \quad (n = 1, 2, \cdots)$$
（2）　$f(x) = C$　（定数関数）　のとき：
$$f'(x) = \lim_{h \to 0} \frac{f(x+h) - f(x)}{h} = \lim_{h \to 0} \frac{C - C}{h} = 0$$
（3）　$f(x) = \dfrac{1}{x}$　のとき：
$$f'(x) = \lim_{h \to 0} \frac{1}{h}\left(\frac{1}{x+h} - \frac{1}{x}\right) = \lim_{h \to 0}\left(-\frac{1}{x(x+h)}\right) = -\frac{1}{x^2}$$

（4） $f(x)=\sqrt{x}$ のとき：

$$f'(x)=\lim_{h\to 0}\frac{\sqrt{x+h}-\sqrt{x}}{h}=\lim_{h\to 0}\frac{(\sqrt{x+h}-\sqrt{x})(\sqrt{x+h}+\sqrt{x})}{h(\sqrt{x+h}+\sqrt{x})}$$

$$=\lim_{h\to 0}\frac{1}{\sqrt{x+h}+\sqrt{x}}=\frac{1}{2\sqrt{x}}$$

例 （1） $y=x^3+5x^2-3x+4$ のとき：

$y'=(x^3+5x^2-3x+4)'$
　$=(x^3)'+(5x^2)'-(3x)'+(4)'$　　　　　　　　　　◀和差の微分法
　$=(x^3)'+5(x^2)'-3(x)'+(4)'$
　$=3x^2+5\cdot 2x-3\cdot 1+0=3x^2+10x-3$

（2） $y=(x^2+3x+2)(3x^2-5x+4)$ のとき：

$y'=(x^2+3x+2)'(3x^2-5x+4)+(x^2+3x+2)(3x^2-5x+4)'$
　$=(2x+3)(3x^2-5x+4)+(x^2+3x+2)(6x-5)$　　　◀積の微分法
　$=12x^3+12x^2-10x+2$

（3） $y=\dfrac{3x+4}{x^2+1}$ のとき：

$y'=\left(\dfrac{3x+4}{x^2+1}\right)'=\dfrac{(3x+4)'(x^2+1)-(3x+4)(x^2+1)'}{(x^2+1)^2}$　　◀商の微分法

　$=\dfrac{3(x^2+1)-(3x+4)\cdot 2x}{(x^2+1)^2}=\dfrac{-3x^2-8x+3}{(x^2+1)^2}$

例 （1） $y=(x^2+3x+2)^5$

　　　（2） $y=\sqrt{x^2+3x+2}$

　　　（3） $y=\dfrac{1}{x^2+3x+2}$

$(x^2+3x+2)^5$ を展開してから微分するのは感心しないな．
また，$\sqrt{x^2+3x+2}$ は，展開できないね．さあ，どうしよう．
大丈夫，**合成関数の微分法という強い味方**があるのだ！

（1） $u=x^2+3x+2$ とおくと，

　　$y=u^5$　　∴　$y'=(u^5)'(x^2+3x+2)'$　　　　　◀$y'=f'(u)g'(x)$
　　　　　　　　　　$=5u^4(2x+3)$
　　　　　　　　　　$=5(x^2+3x+2)^4(2x+3)$　　　　◀u を x の式に

（2） $u = x^2 + 3x + 2$ とおくと，

$$y = \sqrt{u} \quad \therefore \quad y = \frac{dy}{dx} = \frac{dy}{du}\frac{du}{dx} = \frac{1}{2\sqrt{u}}(2x+3)$$

$$= \frac{2x+3}{2\sqrt{x^2+3x+2}}$$

◀ $(\sqrt{u})' = \frac{1}{2\sqrt{u}}$

（3） "$u = x^2 + 3x + 2$ とおく" と明記せずに "おいたつもり" で，

$$y' = -\frac{1}{(x^2+3x+2)^2} \times (x^2+3x+2)'$$

◀ $\left(\frac{1}{u}\right)' = -\frac{1}{u^2}$

$$= -\frac{1}{(x^2+3x+2)^2} \times (2x+3) = -\frac{2x+3}{(x^2+3x+2)}$$

例 $y = \sqrt{1+\sqrt{x}}$ のとき，

$$y' = \frac{1}{2\sqrt{1+\sqrt{x}}} \times \frac{1}{2\sqrt{x}} = \frac{1}{4\sqrt{x}\sqrt{1+\sqrt{x}}}$$

　　　　　　　　　　　　　　　　一人二役

合成関数の微分法の公式は，

$$\frac{dy}{dx} = \frac{dy}{du}\frac{du}{dx}$$

の方が覚えやすく，使いやすいという人が多いのです．

しかし，この公式をよく見て下さい．

　　　　　左辺の y は，合成関数 $f \circ g$ を，

　　　　　右辺の y は，関数 f を，

表わしていますよね．一つの等式の中で，**同じ文字が異なる意味をもつ珍しい例**だといえましょう．

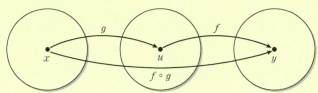

例題 4.1 — 導関数の計算

次の関数 $y=f(x)$ を微分せよ．

(1) $(x^2+1)\sqrt{3x+1}$ (2) $x^2(1+x^2)\sqrt{1-x^2}$ (3) $\dfrac{2x+3}{x^2-x+1}$

(4) $\sqrt{\dfrac{1+x^2}{1-x^2}}$ (5) $(\sqrt{x}+\sqrt{x+1})^2$ (6) $x|x|$

また，次の結果を準備しておく：
$$y=\sqrt{ax+b} \implies y'=\dfrac{a}{2\sqrt{ax+b}}$$

証明 いま，$u=ax+b$ とおけば，$y=\sqrt{u}$ だから，
$$y'=\dfrac{dy}{dx}=\dfrac{dy}{du}\dfrac{du}{dx}=\dfrac{1}{2\sqrt{u}}\cdot a=\dfrac{a}{2\sqrt{ax+b}}$$

▶注 $y=f(ax+b) \implies y'=af'(ax+b)$ と，一般化される．

解 (1) $y=(x^2+1)\sqrt{3x+1}$

$y'=(x^2+1)'\sqrt{3x+1}+(x^2+1)(\sqrt{3x+1})'$ ◀積の微分法

$=2x\sqrt{3x+1}+(x^2+1)\dfrac{3}{2\sqrt{3x+1}}=\dfrac{15x^2+4x+3}{2\sqrt{3x+1}}$

(2) $y=x^2(1+x^2)\sqrt{1-x^2}=(x^2+x^4)\sqrt{1-x^2}$

$y'=(2x+4x^3)\sqrt{1-x^2}+(x^2+x^4)\dfrac{-2x}{2\sqrt{1-x^2}}$ ◀積の微分法

$=\dfrac{2x+x^3-5x^5}{\sqrt{1-x^2}}$

$$(fg)'=f'g+fg'$$
$$\left(\dfrac{f}{g}\right)'=\dfrac{f'g-fg'}{g^2}$$

(3) $y=\dfrac{2x+3}{x^2-x+1}$

$y'=\dfrac{2(x^2-x+1)-(2x+3)(2x-1)}{(x^2-x+1)^2}$ ◀商の微分法

$=\dfrac{-2x^2-6x+5}{(x^2-x+1)^2}$

(4) $y=\sqrt{\dfrac{1+x^2}{1-x^2}}$, $u=\dfrac{1+x^2}{1-x^2}$ とおけば，$y=\sqrt{u}$

$y'=\dfrac{dy}{dx}=\dfrac{dy}{du}\dfrac{du}{dx}=\dfrac{1}{2\sqrt{u}}\dfrac{du}{dx}$ ◀合成関数の微分法

$$= \frac{1}{2\sqrt{\frac{1+x^2}{1-x^2}}} \cdot \frac{2x(1-x^2)-(-2x)(1+x^2)}{(1-x^2)^2} = \frac{2x}{(1-x^2)\sqrt{1-x^4}}$$

（5） $y = (\sqrt{x} + \sqrt{x+1})^2$

$$y' = 2(\sqrt{x} + \sqrt{x+1})\left(\frac{1}{2\sqrt{x}} + \frac{1}{2\sqrt{x+1}}\right) = \frac{(\sqrt{x}+\sqrt{x+1})^2}{\sqrt{x}\sqrt{x+1}} = 2 + \frac{2x+1}{\sqrt{x^2+x}}$$

（6） $y = x|x|$

- $0 < x < +\infty$ では，$y = x \cdot x = x^2$ 　　∴　$y' = 2x$
- $-\infty < x < 0$ では，$y = x \cdot (-x) = -x^2$ 　　∴　$y' = -2x$
- $f'(0) = \lim_{h \to 0} \frac{h|h|}{h} = \lim_{h \to 0} |h| = 0$

以上，まとめて，$y' = 2|x|$

=== **演習問題 4.1** ===

次の関数 $y = f(x)$ を微分せよ．

（1）　$x^2\sqrt{x^2-4}$ 　　　　（2）　$(1+x)^5(2-x)^3$ 　　　　（3）　$\dfrac{\sqrt{x-1}}{x^2+1}$

（4）　$x\sqrt{\dfrac{1-x}{1+x}}$ 　　　　（5）　$\sqrt{x+\sqrt{x}}$ 　　　　（6）　$x^2|x|$

§5 導関数の計算

具体例こそ理解のポイント

逆関数の微分法

$y=a^x$ の逆関数 $y=\log_a x$ などを微分するとき，次の公式が便利：

$y=f^{-1}(x)$ のとき，
$$y'=(f^{-1}(x))'=\frac{1}{f'(f^{-1}(x))}, \quad \frac{dy}{dx}=\frac{1}{\frac{dx}{dy}}$$

逆関数の微分法

証明 $h \doteqdot 0$ として，

$y=f^{-1}(x)$

$k=f^{-1}(x+h)-f^{-1}(x)$

とおけば，

$x=f(y), \quad x+h=f(y+k)$

となるから，

$h=f(y+k)-f(y)$

また，"$h\to 0 \Leftrightarrow k\to 0$" だから，

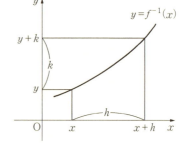

$$y'=\lim_{h\to 0}\frac{f^{-1}(x+h)-f^{-1}(x)}{h}=\lim_{k\to 0}\frac{k}{f(y+k)-f(y)}$$

$$=\frac{1}{\lim_{k\to 0}\frac{f(y+k)-f(y)}{k}}=\frac{1}{f'(y)}=\frac{1}{f'(f^{-1}(x))}$$

陰関数の微分法

いま，x, y の方程式 $F(x,y)=0$ が与えられたとき，曲線 $F(x,y)=0$ 上の点 (a,b) の近くで，

$$F(x, f(x))=0, \quad b=f(a)$$

となる連続関数 $f(x)$ が存在すれば，この関数 $f(x)$ を，$F(x, y) = 0$ より定まる**陰関数**という．たとえば，
$$F(x, y) = x^3 + y^3 - 3xy = 0$$
を考えると，この式を，
$$y = \underset{\text{なんとか}}{\bigcirc\bigcirc\bigcirc}$$
と，y について解くことは大変だね．

そこで，ひとまず，$y = f(x)$ とおけば，
$$x^3 + f(x)^3 - 3xf(x) = 0$$
が，点 a の近くで成立する．

この両辺を x で微分するのだが，わざわざ $f(x)$ と記さず y のままで，
$$x^3 + y^3 - 3xy = 0$$
の両辺を x で微分する：
$$3x^2 + 3y^2 y' - 3(y + xy') = 0$$
$$\therefore \quad (x - y^2)y' = x^2 - y \quad \therefore \quad y' = \frac{x^2 - y}{x - y^2}$$

◀右辺に y が入っていてもよい

▶注 $\dfrac{d}{dx}(xy) = x'y + xy' = y + xy'$

◀積の微分法

$$\frac{d}{dx}y^3 = \frac{d}{dx}y^3 \cdot \frac{dy}{dx} = 3y^2 y'$$

◀合成関数の微分法

陰関数 $f(x)$ は**点 a の近所だけ**で定義される

指数関数・対数関数の微分法

$$y = f(x) = a^x \quad (a > 0)$$
のとき，
$$f'(x) = \lim_{h \to 0} \frac{a^{x+h} - a^x}{h} = a^x \lim_{h \to 0} \frac{a^h - 1}{h}$$
$x = 0$ とおけば，$a^0 = 1$ だから，
$$f'(0) = \lim_{h \to 0} \frac{a^h - 1}{h}$$
したがって，
$$f'(x) = f'(0)a^x$$

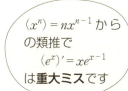

$(x^n)' = nx^{n-1}$ からの類推で
$(e^x)' = xe^{x-1}$
は**重大ミス**です

曲線 $y=f(x)=a^x$ 上の点 $(0, 1)$ における接線の傾き $f'(0)$ は, a が増えるにつれて増えるので, ちょうど,
$$f'(0)=1$$
となる a が, ただ一つあるハズ. この a を e とかけば,
$$f(x)=e^x \implies f'(x)=e^x$$
この関数 $f(x)=e^x$ を, **自然指数関数** または単に **指数関数** とよぶのだったね.

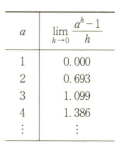

上の表から, $2<e<3$ であることが分かるが, くわしくは,
$$e=2.71828\cdots$$
なる無理数だと, §2で学んだ通り. いいね.

$$\boxed{(e^x)'=e^x}$$ ◀微分しても変わらない

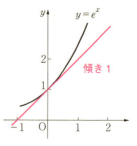

次に, $y=e^x$ の逆関数 $y=\log x$ を微分してみよう.
逆関数の微分法によって,
$$\frac{dy}{dx}=\frac{1}{\frac{dx}{dy}}=\frac{1}{e^y}=\frac{1}{x}$$

◀ $y=\log x \Leftrightarrow x=e^y$
$\dfrac{dx}{dy}=e^y$

$$\boxed{(\log x)'=\frac{1}{x} \quad (x>0)}$$

▶注 $(\log|x|)'=\dfrac{1}{x}$ も成立. ただし, $\log|x|=\begin{cases}\log x & (x>0) \\ \log(-x) & (x<0)\end{cases}$

以上の結果から, 重要な極限値が面白いように出てくる. やってみよう.
$f(x)=\log x$ のとき, $f'(1)=1$ だから,
$$f'(1)=\lim_{h\to 0}\frac{\log(1+h)-\log 1}{h}=\lim_{h\to 0}\frac{1}{h}\log(1+h)$$

$$= \lim_{h \to 0} \log (1+h)^{\frac{1}{h}} = 1$$

したがって，log の中味 $(1+h)^{\frac{1}{h}} \to e$ ということになる．

いま，$x = \dfrac{1}{h}$ とおけば，"$x \to \pm\infty \Leftrightarrow h \to 0$" だから，

$$\lim_{x \to \pm\infty} \left(1+\frac{1}{x}\right)^x = e \quad \text{とくに，} \quad \lim_{n \to \pm\infty} \left(1+\frac{1}{n}\right)^n = e$$

e の性質

さて，ここで，次の大切な定理を証明しておく：

$$(x^\alpha)' = \alpha x^{\alpha-1} \quad (\alpha : \text{任意の定数})$$

証明 $(x^\alpha)' = (e^{\log x^\alpha})' = (e^{\alpha \log x})'$

◀ $M = e^{\log M}$

$$= e^{\alpha \log x} \cdot \frac{\alpha}{x} = x^\alpha \cdot \frac{\alpha}{x} = \alpha x^{\alpha-1}$$

三角関数・逆三角関数の微分法

これは，次の公式を用いる：

$$\lim_{\theta \to 0} \frac{\sin \theta}{\theta} = 1$$

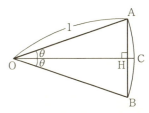

図を見ていただこう．

弦 $AB = 2\sin\theta$, 弧 $\overset{\frown}{AB} = 2\theta$
だから，この公式は，

中心角 $\fallingdotseq 0 \implies$ 弦 $\fallingdotseq$ 弧

を意味するわけである．

$\theta^{\text{ラジアン}}$ （度）	$\sin\theta$
0.08727　（5°）	0.08716
0.05236　（3°）	0.05234
0.03491　（2°）	0.03490
0.01745　（1°）	0.01745

それだは，さっそく，この公式を用いて，$y = \sin x$ を微分してみる：

$$y' = \lim_{h \to 0} \frac{\sin(x+h) - \sin x}{h}$$

$$= \lim_{h \to 0} \frac{1}{h}\left(2\cos\frac{(x+h)+x}{2}\sin\frac{(x+h)-x}{2}\right)$$

$$= \lim_{h \to 0} \frac{2}{h}\cos\left(x+\frac{h}{2}\right)\sin\frac{h}{2}$$

$$= \lim_{h \to 0} \cos\left(x+\frac{h}{2}\right)\frac{\sin(h/2)}{h/2} = \cos x$$

◀和（差）を積へ

次に，$(\cos x)'$ は，$(\sin x)' = \cos x$ を利用するのがよかろう．

$$(\cos x)' = \left(\sin\left(\frac{\pi}{2}-x\right)\right)' = -\cos\left(\frac{\pi}{2}-x\right) = -\sin x$$

簡単だったね．$(\tan x)'$ は，商の微分法だ．

$$(\tan x)' = \left(\frac{\sin x}{\cos x}\right)' = \frac{(\sin x)'\cos x - \sin x(\cos x)'}{\cos^2 x}$$

$$= \frac{\cos x \cos x - \sin x(-\sin x)}{\cos^2 x} = \frac{1}{\cos^2 x}$$

以上の結果を，まとめておくと，

$(\sin x)' = \cos x$

$(\cos x)' = -\sin x$

$(\tan x)' = \dfrac{1}{\cos^2 x} = \sec^2 x$

◀ $\sec x = \dfrac{1}{\cos x}$

さて，次は，逆三角関数．
$y = \sin^{-1} x$ を微分してみよう．

$$y = \sin^{-1} x \iff x = \sin y \quad \left(-\frac{\pi}{2} \leq y \leq \frac{\pi}{2}\right)$$

したがって，$-\dfrac{\pi}{2} \leq y \leq \dfrac{\pi}{2}$ のとき，$\cos y \geq 0$ であるから，

$$\frac{dx}{dy} = \cos y = \sqrt{1-\sin^2 y} = \sqrt{1-x^2}$$

◂ $\cos y = \pm\sqrt{1-\sin^2 y}$
　$\cos y \geqq 0$ より $+\sqrt{}$ をとる

$$\therefore \quad (\sin^{-1} x)' = \frac{dy}{dx} = \frac{1}{\frac{dx}{dy}} = \frac{1}{\sqrt{1-x^2}}$$

◂ 逆関数の微分法

$y = \cos^{-1} x$ も，まったく同様．

最後に，$y = \tan^{-1} x$ を微分する．$y = \tan^{-1} x$ より．

$$x = \tan y$$

したがって，

$$\frac{dy}{dx} = \frac{1}{\frac{dx}{dy}} = \frac{1}{\frac{1}{\cos^2 y}} = \frac{1}{1+\tan^2 y} = \frac{1}{1+x^2}$$

これらの結果を，一応まとめておく：

$$(\cos^{-1} x)' = -\frac{1}{\sqrt{1-x^2}}$$
$$(\sin^{-1} x)' = \frac{1}{\sqrt{1-x^2}}$$
$$(\tan^{-1} x)' = \frac{1}{1+x^2}$$

◂ 第2章での積分計算のため，公式は $a\,(>0)$ の付いた形で記憶されたい：

$$\left(\sin^{-1}\frac{x}{a}\right)' = \frac{1}{\sqrt{a^2-x^2}}$$
$$\left(\frac{1}{a}\tan^{-1}\frac{x}{a}\right)' = \frac{1}{x^2+a^2}$$

a の付いた形で記憶しよう！

双曲線関数の微分法

$$\cosh x = \frac{e^x + e^{-x}}{2},\quad \sinh x = \frac{e^x - e^{-x}}{2},\quad \tanh x = \frac{\sinh x}{\cosh x}$$

より，次の結果は，もう明らかだね：

$$(\cosh x)' = \sinh x,\quad (\sinh x)' = \cosh x,\quad (\tanh x)' = \frac{1}{\cosh^2 x}$$

例題 5.1　　　　　　　　　　　合成関数の微分法

次の関数 $y = f(x)$ を微分せよ．

(1) e^{-x^2} 　　　　　　(2) $\sin \dfrac{2x-1}{3}\pi$

(3) $\sqrt{\dfrac{1-\sqrt[3]{x}}{1+\sqrt[3]{x}}}$ 　　　　(4) $\cosh(ax+b)$

(5) $(\log x)^3$ 　　　　　(6) $\log|\cos x|$

(7) $x\sin^{-1}x + \sqrt{1-x^2}$ 　　(8) $\log(x+\sqrt{x^2+A})$

解 (1) $y = e^{-x^2}$
$$y' = e^{-x^2}\cdot(-2x) = -2xe^{-x^2}$$

(2) $y = \sin\dfrac{2x-1}{3}\pi$
$$y' = \left(\cos\dfrac{2x-1}{3}\pi\right)\cdot\dfrac{2}{3}\pi = \dfrac{2}{3}\pi\cos\dfrac{2x-1}{3}\pi$$

(3) $y = \sqrt{\dfrac{1-\sqrt[3]{x}}{1+\sqrt[3]{x}}} = \left(\dfrac{1-x^{\frac{1}{3}}}{1+x^{\frac{1}{3}}}\right)^{\frac{1}{2}}$

$$y' = \dfrac{1}{2}\left(\dfrac{1-x^{\frac{1}{3}}}{1+x^{\frac{1}{3}}}\right)^{-\frac{1}{2}}\cdot\dfrac{-\dfrac{1}{3}x^{-\frac{2}{3}}(1+x^{\frac{1}{3}}) - \dfrac{1}{3}x^{-\frac{2}{3}}(1-x^{\frac{1}{3}})}{(1+x^{\frac{1}{3}})^2}$$

$$= \dfrac{1}{2}\left(\dfrac{1-x^{\frac{1}{3}}}{1+x^{\frac{1}{3}}}\right)^{-\frac{1}{2}}\left\{-\dfrac{2}{3}x^{-\frac{2}{3}}(1+x^{\frac{1}{3}})^{-2}\right\}$$

$$= -\dfrac{1}{3}x^{-\frac{2}{3}}(1-x^{\frac{1}{3}})^{-\frac{1}{2}}(1+x^{\frac{1}{3}})^{-\frac{3}{2}}$$

▶注　$\left(\dfrac{1-x^{\frac{1}{3}}}{1+x^{\frac{1}{3}}}\right)^{\frac{1}{2}} = \dfrac{1-x^{\frac{1}{6}}}{1+x^{\frac{1}{6}}}$　は，**重大ミス**．

根号は分数指数に

(4) $y = \cosh(ax+b) = \dfrac{e^{ax+b}+e^{-(ax+b)}}{2}$
$$y' = \dfrac{ae^{ax+b}-ae^{-(ax+b)}}{2} = a\dfrac{e^{ax+b}-e^{-(ax+b)}}{2} = a\sinh(ax+b)$$

（5） $y = (\log x)^3$

$y' = 3(\log x)^2 \cdot \dfrac{1}{x} = \dfrac{3}{x}(\log x)^2$

（6） $y = \log |\cos x|$

$y' = \dfrac{1}{\cos x} \cdot (-\sin x) = -\tan x$

（7） $y = x \sin^{-1} x + \sqrt{1-x^2}$

$y' = 1 \cdot \sin^{-1} x + 1 \cdot \dfrac{1}{\sqrt{1-x^2}} + \dfrac{-2x}{2\sqrt{1-x^2}} = \sin^{-1} x$

◀ $(\sin^{-1} x)' = \dfrac{1}{\sqrt{1-x^2}}$

（8） $y = \log(x + \sqrt{x^2 + A})$

$y' = \dfrac{1}{x+\sqrt{x^2+A}}\left(1 + \dfrac{2x}{2\sqrt{x^2+A}}\right) = \dfrac{1}{x+\sqrt{x^2+A}} \cdot \dfrac{x+\sqrt{x^2+A}}{\sqrt{x^2+A}} = \dfrac{1}{\sqrt{x^2+A}}$

いかがでしたか？ 計算にも慣れましたか？

公式の証明は，問題解法のモデルケースです．

下の演習問題は，例題の類題です．ぜひ，解いてみて下さいね．

=== 演習問題 5.1 ===

次の関数 $y = f(x)$ を微分せよ．

（1） $\dfrac{1}{e^{\cos x}}$ （2） $\cos \dfrac{x+1}{4}\pi$

（3） $\sqrt{\dfrac{1-\sqrt{x}}{1+\sqrt{x}}}$ （4） $\sinh(ax+b)$

（5） $\sqrt{\log x}$ （6） $\log|\cosh x|$

（7） $2x \tan^{-1} x - \log(1+x^2)$

（8） $x\sqrt{x^2+A} + A\log|x+\sqrt{x^2+A}|$

例題 5.2 ― 陰関数の微分法・対数微分法

（1） 次の等式によって定義される関数 $f: x \longmapsto y$ の導関数 y' を求めよ．
　（i）　$x^3 + y^3 = 6xy$　　　　　（ii）　$ax^2 + 2hxy + by^2 + c = 0$

（2） 次の関数 $y = f(x)$ を微分せよ．
　（i）　x^x　（$x > 0$）　　　　　（ii）　$\dfrac{(x+1)^2}{(x+2)^3(x+3)^4}$

解　（1）（i）　$x^3 + y^3 = 6xy$

両辺を x で微分すると，　　　　　　　　　　　◀これはきまり文句

$$3x^2 + 3y^2 y' = 6y + 6xy'$$

$$\therefore \quad x^2 - 2y = (2x - y^2) y' \qquad \blacktriangleleft y' について解く$$

ゆえに

$$y' = \frac{x^2 - 2y}{2x - y^2} \qquad \blacktriangleleft 右辺に y が入っていてもよい$$

（ii）　$ax^2 + 2hxy + by^2 + c = 0$

両辺を x で微分すると，

$$2ax + 2h(y + xy') + 2byy'$$

ゆえに，

$$y' = -\frac{ax + hy}{hx + by} \qquad \blacktriangleleft y' について解く$$

（2）（i）　$y = x^x$　（$x > 0$）

両辺の対数をとって，

$$\log y = x \log x$$

両辺を x で微分すると，

$$\frac{1}{y} \cdot y' = 1 \cdot \log x + x \cdot \frac{1}{x} = \log x + 1 \qquad \blacktriangleleft ここから陰関数の微分法$$

$$\therefore \quad y' = y(1 + \log x) = x^x (1 + \log x)$$

▶**注**　このように，対数をとって微分する方法を**対数微分法**という．
　本問は，次を用いても解決する：
$$x^x = e^{x \log x}$$

(ii) $y = \dfrac{(x+1)^2}{(x+2)^3(x+3)^4}$

両辺の対数をとって，

$\log y = 2\log|x+1| - 3\log|x+2| - 4\log|x+3|$

両辺を x で微分すると，

$$\dfrac{1}{y}y' = \dfrac{2}{x+1} - \dfrac{3}{x+2} - \dfrac{4}{x+3} = \dfrac{-5x^2 - 14x - 5}{(x+1)(x+2)(x+3)}$$

ゆえに，

$$y' = y\dfrac{-5x^2 - 14x - 5}{(x+1)(x+2)(x+3)} = \dfrac{(x+1)^2}{(x+2)^3(x+3)^4} \cdot \dfrac{-5x^2 - 14x - 5}{(x+1)(x+2)(x+3)}$$
$$= \dfrac{-(x+1)(5x^2 + 14x + 5)}{(x+2)^4(x+3)^5}$$

How to

微積分の計算

⬇

積・ベキ・商 ⟹ 和・差 へ

演習問題 5.2

（1）次の等式によって定義される関数 $f: x \longmapsto y$ の導関数 y' を求めよ．

  （i） $xy(x+y) = 1$ （ii） $(x^2 + y^2)^3 = 4x^2 y^2$

（2）次の関数 $y = f(x)$ を微分せよ．

  （i） x^{e^x} （$x > 0$） （ii） $\sqrt[3]{\dfrac{(1+x)(2+x)}{(1-x)(2-x)}}$

▶注 $x^{e^x} = x^{(e^x)}$．一般に，$a^{b^c} = a^{(b^c)}$，$a^{b^c} \neq (a^b)^c$ とするのが慣例．

§6 平均値の定理

$f'(x) > 0$ なら，なぜ増加関数か？

平均値の定理

まず，連続関数の大切な性質に注意しよう．（証明略）

> 有界閉区間 $a \leq x \leq b$ で連続な関数 $f(x)$ は，この区間で，最大値と最小値をとる．

最大値・最小値の存在定理

▶注　これら，有界・閉区間・連続という三条件は必須であって，どの一つが欠けても，最大値・最小値の存在は保障されない．

◀左から
非有界区間
開区間
不連続関数

上の性質を用いて，次の大切な定理を証明しよう：

> 関数 $f(x)$ が，
> $a \leq x \leq b$ で連続
> $a < x < b$ で微分可能
> $f(a) = f(b)$
> を満たせば，
> $f'(c) = 0$
> なる c $(a < c < b)$ が少なくとも一つ存在する．

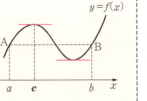

ロール*の定理
*ロルともいう

証明　$f(x) =$ 定数関数　のとき，$f'(x) = 0$．定理は自明．
$f(x) \not\equiv$ 定数関数　のとき，$f(x)$ は点 c で最大値 M をとったとする．

$$M = f(c) > f(a) = f(b) \quad (a < c < b)$$

$M = f(c)$ は最大値だから，$a \leqq x \leqq b$ で，つねに，
$$f(x) \leqq f(c)$$

$x > c$ ならば $\dfrac{f(x) - f(c)}{x - c} \leqq 0 \quad x \to c + 0$ として，$f'(c) \leqq 0$

$x < c$ ならば $\dfrac{f(x) - f(c)}{x - c} \geqq 0 \quad x \to c - 0$ として，$f'(c) \geqq 0$

こうして，$f'(c) = 0$ が得られる．

このロールの定理は，次のように拡張される：

> 関数 $f(x)$ が，
> $a \leqq x \leqq b$ で連続
> $a < x < b$ で微分可能
> ならば，
> $$\dfrac{f(b) - f(a)}{b - a} = f'(c)$$
> なる c $(a < c < b)$ が少なくとも一つ存在する．

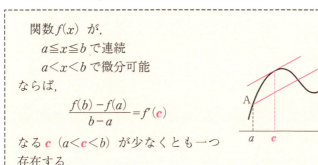

平均値の定理

証明 $F(x) = f(x) - \{f(a) + k(x - a)\} \quad (a \leqq x \leqq b)$

とおき，$F(a) = F(b)$ となるような定義 k を求めると，
$$k = \dfrac{f(b) - f(a)}{b - a}$$

このとき，関数 $F(x)$ は，ロールの定理の条件を，すべて満たしている．この $F(x)$ にロールの定理を用いれば，平均値の定理は自然に出てくる．ぜひ，やってみたまえ．

▶注　$\theta = \dfrac{c - a}{b - a}$ さらに，$h = b - a$　　　◀ $c = a + \theta(b - a)$

とおけば，平均値の定理の等式は，次のようにもかける：
$$f(b) = f(a) + (b - a)f'(a + \theta(b - a)), \; a < \theta < 1$$
$$f(a + h) = f(a) + hf'(a + \theta h), \; 0 < \theta < 1$$

関数の増減

関数の増減と導関数の符号との関数について考えよう．

関数の増加・減少は，次のように常識的に定義される：

■ある区間で，つねに，
$$x_1 < x_2 \implies f(x_1) < f(x_2)$$
であるとき，$f(x)$ は，この区間で**増加状態（単調増加）**である，という．

■ある区間で，つねに，
$$x_1 < x_2 \implies f(x_1) > f(x_2)$$
であるとき，$f(x)$ は，この区間で**減少状態（単調減少）**である．という．

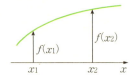
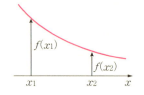

▶注 "$x_1 < x_2 \implies f(x_1) \leqq f(x_2)$" のとき，$f(x)$ は**広義増加（非減少）**ということがある．**広義減少**も同様．

このとき，よくご存じの次の性質をキッパリと証明することができる：

$$\begin{cases} f'(x) > 0 \implies f(x) \text{ は，その区間で単調増加} \\ f'(x) < 0 \implies f(x) \text{ は，その区間で単調減少} \\ f'(x) = 0 \implies f(x) \text{ は，その区間で定数関数} \end{cases}$$

ある区間で，つねに，

導関数の符号と関数の増減

証明 x_1, x_2 ($x_1 < x_2$) を，この区間内の任意の2点とする．

区間 $x_1 \leqq x \leqq x_2$ で，$f(x)$ に**平均値の定理**を用いれば，
$$\frac{f(x_2) - f(x_1)}{x_2 - x_1} = f'(c), \quad x_1 < c < x_2$$
なる c が存在する．このとき，

$$f'(x) > 0 \implies f(x_1) < f(x_2)$$
$$f'(x) < 0 \implies f(x_1) > f(x_2)$$
$$f'(x) = 0 \implies f(x_1) = f(x_2)$$

極大・極小

局所的な最大・最小を，極大・極小という：

■点 a の**十分近く**で，つねに，
$$x \neq a \implies f(x) < f(a)$$
であるとき，関数 $f(x)$ は，点 a で**極大**になるといい，$f(a)$ を**極大値**という．

■点 a の**十分近く**で，つねに，
$$x \neq a \implies f(x) > f(a)$$
であるとき，関数 $f(x)$ は，点 a で**極小**になるといい，$f(a)$ を**極小値**という．

このとき，極大値・極小値を，**極値**と総称する．

極値は**局所的概念**．極大値が極小値より小さいことも大いにありうる．

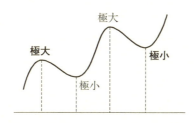

関数 $f(x)$ が，ある区間で**微分可能**で，その区間内の点 a で極値をとったとする．このとき，点 a を含むどんな小さな区間においても，$f(x)$ は増加状態（$f'(a) > 0$）でも，減少状態（$f'(a) < 0$）でもないから，$f'(a) = 0$ である．したがって，$f(x)$ が微分可能のとき，

$$f(a) \text{ は極値} \implies f'(a) = 0$$

◀極値をとる必要条件

▶注　逆は成立しない．反例　$f(x) = x^3$ は $x = 0$ で $f'(0) = 0$ だが極値ではない．

コーシーの平均値の定理

これは，$x=f(t)$, $y=g(t)$ $(a \leq t \leq b)$ のように，x, y がパラメータ表示されている場合の定理である．

コーシーの平均値の定理

関数 $f(t)$, $g(t)$ が，
 $a \leq t \leq b$ で連続
 $a < t < b$ で微分可能
で，$f'(t) \neq 0$
を，満たせば，
$$\frac{g(b)-g(a)}{f(b)-f(a)} = \frac{g'(c)}{f'(c)}$$
なる c $(a < c < b)$ が少なくとも一つ存在する．

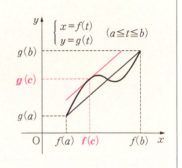

証明 $F(t) = (g(t) - g(a)) - k(f(t) - f(a))$ $(a \leq t \leq b)$
とおき，$F(a) = F(b)$ を満たすような定義 k を求めると，
$$k = \frac{g(b)-g(a)}{f(b)-f(a)}$$

このとき，関数 $F(t)$ は，ロールの定理の条件を，すべて満たすので，ロールの定理を用いると，$F'(t) = g'(t) - kf'(c) = 0$ なる c が存在する．これから，求める等式が得られる．

不定形の極限値

さて，一般に，$\lim_{x \to a} f(x) = A$, $\lim_{x \to a} g(x) = B$ のとき，$A \neq 0$ ならば，$\lim_{x \to a} \frac{g(x)}{f(x)} = \frac{B}{A}$ であるが，$A = 0$ かつ $B = 0$ の場合，$\lim_{x \to a} \frac{g(x)}{f(x)}$ は，いろいろな場合が生じて，一概に結論できない．

$\lim_{x \to a} f(x) = 0$, $\lim_{x \to a} g(x) = 0$ のとき，$\lim_{x \to a} \frac{g(x)}{f(x)}$ を，$\dfrac{0}{0}$ 型の**不定形**という．
不定型には，他に，$\dfrac{\infty}{\infty}$ 型，$0 \times \infty$ 型，1^∞ 型などがある．
不定型の極限値には，次のロピタルの定理が打ってつけである：

> 関数 $f(x)$, $g(x)$ は，点 a の近くで定義されていて，微分可能とする．いま，$\lim_{x \to a} f(x) = 0$, $\lim_{x \to a} g(x) = 0$ ならば，
> $$\lim_{x \to a} \frac{g(x)}{f(x)} = \lim_{x \to a} \frac{g'(x)}{f'(x)} \quad \cdots\cdots\cdots\cdots (*)$$
> （*）は，右辺が存在すれば，左辺も存在し，両者が等しいことを意味する．（*）の両辺は，$+\infty$, $-\infty$ でもよい．

ロピタルの定理

証明 いま，$f(a) = 0$, $g(a) = 0$ と定義すると，$f(x)$, $g(x)$ は，点 a で**連続**になる．$x \fallingdotseq a$ のとき，a, x を両端とする区間で，$f(x)$, $g(x)$ にコーシーの平均値の定理を用いると，

$$\frac{g(x)}{f(x)} = \frac{g(x) - g(a)}{f(x) - f(a)} = \frac{g'(c)}{f'(c)} \quad (a < c < x \text{ または } x < c < a)$$

なる c が存在する．$x \to a$ のとき $c \to a$ となるから，

$$\lim_{x \to a} \frac{g(x)}{f(x)} = \lim_{c \to a} \frac{g'(c)}{f'(c)} = \lim_{x \to a} \frac{g'(x)}{f'(x)}$$

◀ c をあらためて x に変えた

例 （1） $\dfrac{0}{0}$ 型 $\displaystyle\lim_{x \to 0} \frac{1 - \cos x}{x^2}$

$= \displaystyle\lim_{x \to 0} \frac{(1 - \cos x)'}{(x^2)'} = \lim_{x \to 0} \frac{\sin x}{2x} = \frac{1}{2}$

（2） $\dfrac{\infty}{\infty}$ 型 $\displaystyle\lim_{x \to +\infty} \frac{x^n}{e^x} = \lim_{x \to +\infty} \frac{nx^{n-1}}{e^x}$

$= \displaystyle\lim_{x \to +\infty} \frac{n(n-1)x^{n-2}}{e^x} = \cdots = \lim_{x \to +\infty} \frac{n!}{e^x} = 0$

$\displaystyle\lim_{x \to 0}\left(\frac{1 - \cos x}{x^2}\right)'$ ではありません．**分母分子別々に微分しましょう．**

（3） $0 \times \infty$ 型 $\dfrac{\infty}{\infty}$ 型へ帰着させる．

$$\lim_{x \to +0} x \log x = \lim_{x \to +0} \frac{\log x}{1/x} = \lim_{x \to +0} \frac{1/x}{-1/x^2} = \lim_{x \to +0} x = 0$$

例題 6.1 — 関数の増減・1

次の関数の増減を調べて，グラフの概形をかけ．

(1) $y = x^4 - 6x^2 - 8x - 3$

(2) $y = \sin x(1 + \cos x)$ $(0 \leq x \leq 2\pi)$

解 (1) $y = x^4 - 6x^2 - 8x - 3$

$$y' = 4x^3 - 12x - 8 = 4(x^3 - 3x - 2)$$
$$= 4(x+1)^2(x-2)$$

◀符号を調べるために因数分解

したがって，与えられた関数の増減は，下表のようになる：

x	$\cdots$	-1	$\cdots$	2	$\cdots$
y'	$-$	0	$-$	0	$+$
y	↘	0	↘	-27	↗

「$-1 < x < 2$ では減少」の意味

◀この表を増減表という

ゆえに，グラフは図のようになる：

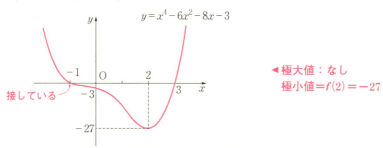

◀極大値：なし
極小値 $= f(2) = -27$

接している

(2) $y = \sin x(1 + \cos x)$ $(0 \leq x \leq 2\pi)$

$$y' = \cos x(1 + \cos x) + \sin x \cdot (-\sin x)$$
$$= \cos x + \cos^2 x - \sin^2 x$$
$$= \cos x + \cos^2 x - (1 - \cos^2 x)$$
$$= 2\cos^2 x + \cos x - 1$$
$$= (2\cos x - 1)(\cos x + 1)$$

◀$\cos x$ の2次式に

したがって，与えられた関数の増減は，下表のようになる：

x	0	$\cdots$	$\dfrac{\pi}{3}$	$\cdots$	π	$\cdots$	$\dfrac{5}{3}\pi$	$\cdots$	2π
y'		$+$	0	$-$	0	$-$	0	$+$	
y	0	↗	$\dfrac{3}{4}\sqrt{3}$	↘	0	↘	$-\dfrac{3}{4}\sqrt{3}$	↗	0

ゆえに，グラフは図のようになる：

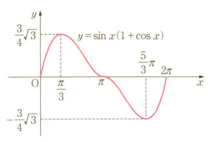

▶注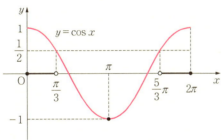

この図から，

$$2\cos x - 1 > 0 \iff \cos x > \dfrac{1}{2} \iff 0 \leqq x < \dfrac{\pi}{3} \text{ と } \dfrac{5}{3}\pi < x \leqq 2\pi$$

$$\cos x + 1 > 0 \iff 0 \leqq x < \pi \text{ と } \pi < x \leqq 2\pi$$

◀ $x \neq \pi$

=== 演習問題 6.1 ===

次の関数の増減を調べて，グラフの概形をかけ．

(1) $y = x^3 + 3x^2 - 4$

(2) $y = \cos x(1 + \sin x)$ ($0 \leqq x \leqq 2\pi$)

例題 6.2 — 関数の増減・2

次の関数の増減を調べて，グラフの概形をかけ．

(1) $y = \dfrac{x^2}{x-1}$ (2) $y = (x-3)^2 e^x$

解 (1) $y = \dfrac{x^2}{x-1} = x + 1 + \dfrac{1}{x-1}$

$$y' = 1 - \dfrac{1}{(x-1)^2} = \dfrac{x(x-2)}{(x-1)^2}$$

したがって，与えられた関数の増減は，

$\lim\limits_{x \to 1} y' = -\infty$

x	$-\infty$	$\cdots$	0	$\cdots$	1	$\cdots$	2	$\cdots$	$+\infty$
y'		+	0	−	$-\infty$	−	0	+	
y	$-\infty$	↗	0	↘	$-\infty$　$+\infty$	↘	4	↗	$+\infty$

▶注 $\lim\limits_{x \to -\infty} y = \lim\limits_{x \to -\infty}\left(x+1+\dfrac{1}{x-1}\right) = -\infty$, $\lim\limits_{x \to -\infty} y = +\infty$

$\lim\limits_{x \to 1-0} y = \lim\limits_{x \to 1-0}\left(x+1+\dfrac{1}{x-1}\right) = -\infty$, $\lim\limits_{x \to 1+0} y = +\infty$

を増減表へ記入した．

ゆえに，グラフは図のようになる：

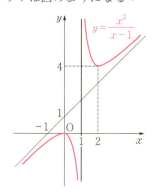

◀曲線は，$|x|$ が十分
　大きいときは，
　　直線 $y = x+1$
　にそっくり，
　　$x = 1$ の近くでは
　　直線 $x = 1$
　にそっくり．

（2） $y = (x-3)^2 e^x$

$$y' = 2(x-3)e^x + (x-3)^2 e^x$$
$$= (x-1)(x-3)e^x$$

したがって，与えられた関数の増減は，下表のようになる：

x	$-\infty$	$\cdots$	1	$\cdots$	3	$\cdots$	$+\infty$
y'		+	0	−	0	+	
y	0	↗	$4e$	↘	0	↗	$+\infty$

▶注　$\lim_{x \to +\infty} (x-3)^2 e^x = +\infty$

次に，$t = -x$ とおけば，

$$\lim_{x \to -\infty} (x-3)^2 e^x = \lim_{t \to -\infty} \frac{(t+3)^2}{e^t} = 0$$

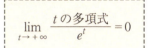

ゆえに，グラフは図のようになる：

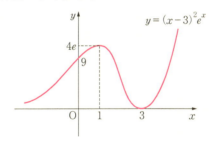

=== 演習問題 6.2 ===

次の関数の増減を調べて，グラフの概形をかけ．

（1） $\dfrac{x}{(x-1)(x-2)}$　　　　（2） $x^{\frac{1}{x}}$　　（$x > 0$）

§7 テイラーの定理

―― 一点から全体を知る ――

高次導関数

関数 $y=f(x)$ を，y, $(y')'$, $\cdots$ のように，n 回微分して得られる関数を，$y=f(x)$ の**第 n 次導関数**とよび，次のように記す：

$$y^{(n)}, \ f^{(n)}(x), \ \frac{d^n y}{dx^n}$$

とくに，$0 \leq n \leq 3$ の場合，次のように記すのが，浮世の慣わし：

$y^{(0)} = y, \ y^{(1)} = y', \ y^{(2)} = y'', \ y^{(3)} = y'''$

$f^{(0)}(x) = f(x), \ f^{(1)}(x) = f'(x), \ f^{(2)}(x) = f''(x), \ f^{(3)}(x) = f'''(x)$

さらに，関数 $f(x)$ について，次のように定義する：

$f^{(n)}(x)$ が存在する $\iff$ $f(x)$ は **n 回微分可能**

$f^{(n)}(x)$ が連続 $\iff$ $f(x)$ は **n 回連続微分可能**または **C^n 級**

$f(x)$ は何回でも微分可能 $\iff$ **C^∞ 級**

ちなみに，$f^{(n)}(a)$ を，$f(x)$ の点 a における**第 n 次微分係数**という．

例 （1） $f(x) = x^3$ のとき，
$f''(x) = 3x^2, \ f''(x) = 6x, \ f'''(x) = 6, \ f^{(4)}(x) = 0$

（2） $f(x) = e^x$ のとき，
$f'(x) = e^x, \ f''(x) = e^x, \ \cdots, \ f^{(n)}(x) = e^x, \ \cdots\cdots$

（3） $f(x) = \sin x$ のとき，

$f'(x) = \cos x = \sin\left(x + \dfrac{\pi}{2}\right)$ ◀ $\cos$ を無理に $\sin$ で表わす

$f''(x) = \sin\left(x + \dfrac{\pi}{2} + \dfrac{\pi}{2}\right)$ ◀ 微分すると $\sin$ の中が $\dfrac{\pi}{2}$ 増える

$\vdots$

$f^{(n)}(x) = \sin\bigl(x + \overbrace{\dfrac{\pi}{2} + \dfrac{\pi}{2} + \cdots + \dfrac{\pi}{2}}^{n 個}\bigr) = \sin\left(x + \dfrac{n}{2}\pi\right)$

（4） $f(x) = \cos x$ のとき，
$$f^{(n)}(x) = \cos\left(x + \frac{n}{2}\pi\right)$$
◀ sin の場合と同様

例 （1） $(af(x) + bg(x))^{(n)} = af^{(n)}(x) + bg^{(n)}(x)$

（2） **ライプニッツの公式**
$$(fg)' = f'g + fg'$$
◀ $f(x)$, $g(x)$ を，f, g と略記
$$(fg)'' = f''g + 2f'g' + fg''$$
$$(fg)''' = f'''g + 3f''g' + 3f'g'' + fg'''$$
◀ $(f+g)^3$ の展開式に似ている

テイラーの定理

$f'(a)$ は，$f(x)$ の点 a における**単調性**を表わすものだった．さらに，高次の $f^{(n)}(a)$ によって，$f(x)$ のよりくわしい情報が期待されるね．

> 関数 $f(x)$ が，$a \leq x \leq b$ で連続，$a < x < b$ で n 回微分可能ならば，次のような c ($a < c < b$) が存在する：
> $$f(b) = f(a) + \frac{f'(a)}{1!}(b-a) + \frac{f''(a)}{2!}(b-a)^2 + \cdots$$
> $$\cdots + \frac{f^{(n-1)}(a)}{(n-1)!}(b-a)^{n-1} + \frac{f^{(n)}(c)}{n!}(b-a)^n$$
> この式の最後の項を，**剰余項**とよび，R_n などと記す．

テイラーの定理

証明 突然で恐縮だが，
$$F(x) = f(b) - \left\{ f(x) + \frac{f'(x)}{1!}(b-x) + \frac{f''(x)}{2!}(b-x)^2 + \cdots \right.$$
$$\left. \cdots + \frac{f^{(n-1)}(x)}{(n-1)!}(b-x)^{n-1} + \frac{K}{n!}(b-x)^n \right\} \quad (a \leq x \leq b)$$

とおく．ただし，K は，$F(a) = F(b)$ すなわち，次を満たす定数とする：

$$f(b) = f(a) + \frac{f'(a)}{1!}(b-a) + \frac{f''(a)}{2!}(b-a)^2 + \cdots$$
$$\cdots + \frac{f^{(n-1)}(a)}{(n-1)!}(b-a)^{n-1} + \frac{K}{n!}(b-a)^n \qquad (*)$$

このとき，$F(x)$ は，$a \leq x \leq b$ で微分可能．$F(a) = 0$，（*）より，$F(b) = 0$ だから，区間 $a \leq x \leq b$ に，ロールの定理を用いることができる．

そこで，$F'(x)$ を計算すると，

$F'(x)$
$= -\left\{ f'(x) + \frac{f''(x)}{1!}(b-x) - f'(x) + \frac{f'''(a)}{2!}(b-x)^2 - f''(x)(b-x) \right.$
$\quad + \cdots + \frac{f^{(n-1)}(x)}{(n-2)!}(b-x)^{n-2} - \frac{f^{(n-2)}(x)}{(n-3)!}(b-x)^{n-3}$
$\quad + \frac{f^{(n)}(x)}{(n-1)!}(b-x)^{n-1} - \frac{f^{(n-1)}}{(n-2)!}(b-x)^{n-2} - \frac{K}{(n-1)!}(b-x)^{n-1} \left. \right\}$
$= -\frac{f^{(n)}(x)}{(n-1)!}(b-x)^{n-1} + \frac{K}{(n-1)!}(b-x)^{n-1}$

したがって，$F'(c) = 0$，$a < c < b$ より，
$$K = f^{(n)}(c)$$

これを，上の（*）へ代入すれば，テイラーの定理の等式が得られる．

▶注　$h = b - a$, $c = a + \theta(b-a) = a + \theta h$ 　（$0 < \theta < 1$）
とおけば，テイラーの定理の等式は，次のようにかける：
$$f(a+h) = f(a) + \frac{f'(a)}{1!}h + \frac{f''(a)}{2!}h^2 + \cdots$$
$$\cdots + \frac{f^{(n-1)}(a)}{(n-1)!}h^{n-1} + \frac{f^{(n)}(a+\theta h)}{n!}h^n \quad (0 < \theta < 1)$$

この表現の利点は，$b < a$ の場合にも利用できること．

テイラー展開

関数 $f(t)$ は，点 a を含む開区間で n 回微分可能．この区間内の x に対して，a, x を両端とする区間で，$f(t)$ にテイラーの定理を用いると，

$$f(x) = f(a) + \frac{f'(a)}{1!}(x-a) + \frac{f''(a)}{2!}(x-a)^2 + \cdots$$

$$\cdots + \frac{f^{(n-1)}(a)}{(n-1)!}(x-a)^{n-1} + R_n(x)$$

◀目下 x を定数とみる

$$R_n(x) = \frac{f^{(n)}(a+\theta(x-a))}{n!}(x-a)^n, \quad 0 < \theta < 1$$

これを，関数 $f(x)$ の点 a のまわりの**有限テイラー展開**という．$f^{(n)}(x)$ が点 a で連続ならば，$x \fallingdotseq a$ のとき $f(x)$ は多項式で近似される：

◀ここから x を変数とみる

$$f(x) \fallingdotseq f(a) + \frac{f'(a)}{1!}(x-a) + \frac{f''(a)}{2!}(x-a)^2 + \cdots + \frac{f^{(n-1)}(a)}{(n-1)!}(x-a)^{n-1}$$

これを，$f(x)$ の **$n-1$ 次テイラー近似**という．$|R_n(x)|$ が，そのときの誤差である．

いいかな．ただ一点 a における情報 $f(a), f'(a), \cdots, f^{(n-1)}(a)$ だけから点 a の近くの $f(x)$ の挙動を—それも多項式で—把握できる．

一点から全体を知る

これが，テイラーの定理の意義のように思われる：

$f(x)$ の有限テイラー展開

$$f(x) = f(a) + \frac{f'(a)}{1!}(x-a) + \cdots + \frac{f^{(n-1)}(a)}{(n-1)!}(x-a)^{n-1} + R_n(x)$$

で，両辺の極限 $n \to \infty$ をとると，次の大切な定理が得られる：

$f(x)$ は，点 a の近くで何回でも微分可能．a を内部に含む区間 I で有限テイラー展開の剰余項が，$R_n(x) \to 0$（$n \to \infty$）を満たせば，$f(x)$ は，この区間 I で次のようにベキ級数展開される：

$$f(x) = f(a) + \frac{f'(a)}{1!}(x-a) + \frac{f''(a)}{2!}(x-a)^2 + \cdots\cdots \quad (x \in I)$$

これを，$f(x)$ の**点 a のまわりのテイラー展開**，右辺のベキ級数を，**テイラー級数**，区間 I を，このベキ級数の**収束域**という．

とくに，簡素で実用的な，$a=0$ の場合，**マクローリン展開・マクローリン級数**とよばれ，多用される．二三の具体例を挙げれば，

例 $e^x = 1 + \dfrac{1}{1!}x + \dfrac{1}{2!}x^2 + \cdots + \dfrac{1}{(n-1)!}x^{n-1} + R_n(x)$

$$R_n(x) = \dfrac{e^{\theta x}}{n!}x^n \quad (0 < \theta < 1)$$

ここで，$-\infty < x < +\infty$ の各 x に対して，

$|R_n(x)| = \left|\dfrac{e^{\theta x}}{n!}x^n\right| \leq e^{|x|}\dfrac{|x|^n}{n!} = 0 \quad (n \to \infty)$

$\therefore \quad |R_n(x)| \to 0 \quad (n \to \infty)$

> $a > 0$ のとき，
> $\displaystyle\lim_{n \to \infty} \dfrac{a^n}{n!} = 0$

したがって，

$$e^x = 1 + \dfrac{x}{1!} + \dfrac{x^2}{2!} + \dfrac{x^3}{3!} + \cdots\cdots \quad (-\infty < x < +\infty)$$

例 $\cos x = 1 - \dfrac{x^2}{2!} + \dfrac{x^4}{4!} - \cdots + (-1)^{n-1}\dfrac{x^{2n-2}}{(2n-2)!} + R_{2n}(x)$

$0 \leq |R_{2n}(x)| = \left|(-1)^n \dfrac{\cos \theta x}{(2n)!}x^{2n}\right| \leq \dfrac{|x|^{2n}}{(2n)!} \to 0 \quad (n \to \infty)$

したがって，

$$\cos x = 1 - \dfrac{x^2}{2!} + \dfrac{x^4}{4!} - \dfrac{x^6}{6!} + \cdots\cdots \quad (-\infty < x < +\infty)$$

$\cos x$ は，点 0 の近くで，この級数の部分和によって近似される．

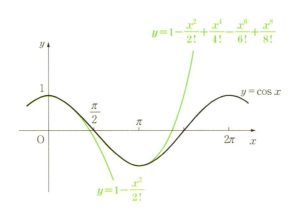

例 $\log(1+x) = x - \dfrac{x^2}{2} + \dfrac{x^3}{3} - \dfrac{x^4}{4} + \cdots\cdots$ （$-1 < x \leq 1$）

▶**注** $R_n(x) = (-1)^{n-1} \dfrac{x^n}{n(1+\theta x)^n}$ （$0 < \theta < 1$）

の形の剰余項（ラグランジュの剰余項）では，じつは，θ が 0 に近いか 1 に近いかで，$R_n(x)$ に与える影響は大きく異なり，この形の剰余項 $R_n(x) \to 0$ からは，テイラー展開の収束域は求められない．

たとえば，"コーシーの剰余項" なるものを用いて，収束域を求めることも可能だが，詳細は省略し，結果だけ記した．

次に，テイラー級数の応用を一つ．

例 $x > 0$ のとき，

$$e^x = 1 + \dfrac{x}{1!} + \dfrac{x^2}{2!} + \cdots + \dfrac{x^{n+1}}{(n+1)!} + \cdots > \dfrac{x^{n+1}}{(n+1)!}$$

∴ $\dfrac{e^x}{x^n} > \dfrac{x}{(n+1)!} \to +\infty$ （$x \to +\infty$）

∴ $\displaystyle\lim_{x \to \infty} \dfrac{e^x}{x^n} = +\infty$ （$n = 1, 2, 3, \cdots$）

この等式は，指数関数 e^x の次の大切な性質を表わしている：

どんな多項式関数も，いつかは指数関数 e^x に追い越される

関数の凹凸

導関数 $f'(x)$ の符号は，関の増減を表わすものだった．それでは第 2 次導関数 $f''(x)$ の符号は，何を表わすのだろうか？

ある区間で，$f''(x) > 0$ というのは，その区間で $f'(x)$ が増加する —— 接線の傾きがしだいに急勾配になることだね．

図を見よう．だれが見ても，曲線は下に凸に見えるが，このことをキチンと述べよう．

■ある区間で，P_1, P_2 を，曲線 $y=f(x)$ 上の任意の 2 点とする．このとき，その区間で，次のように定義する：

$f(x)$ は上に凹（オウ） $\iff$ 弦 P_1P_2 はつねに曲線弧 $\widehat{P_1P_2}$ の**上方**にある

$f(x)$ は下に凹 $\iff$ 弦 P_1P_2 はつねに曲線弧 $\widehat{P_1P_2}$ の**下方**にある

曲線 $y=f(x)$ の凹凸の変わる点を，この曲線の**変曲点**という．

▶注　下に凸 $\Leftrightarrow$ 上に凹　　上に凸 $\Leftrightarrow$ 下に凹

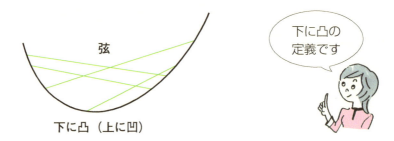

下に凸（上に凹）

下に凸の定義です

このとき，次が成立する：

関数 $f(x)$ は，区間 I で 2 回微分可能とするとき，この区間 I で，
(1) $f''(x)>0 \iff f(x)$ は**下に凸**．接線は曲線の**下側**
(2) $f''(x)<0 \iff f(x)$ は**上に凸**．接線は曲線の**上側**

曲線の凹・凸

証明　(1) 〔(2) も同様〕

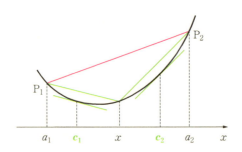

区間 I 内に，任意の 2 点 a_1, a_2 ($a_1<a_2$) をとり，$a_1<x<a_2$ なる任意の x をとる．このとき，

区間 $[a_1, x]$ および $[x, a_2]$ で，$f(x)$ に**平均値の定理**を用いる．
$f''(x)>0$ だから，$f'(x)$ は単調増加になるので，

$$\frac{f(x)-f(a_1)}{x-a_1}=f'(c_1)<f'(c_2)=\frac{f(a_2)-f(x)}{a_2-x}$$

$$a_1<c_1<x<c_2<a_2$$

なる c_1, c_2 が存在する．このとき，

$$\frac{f(x)-f(a_1)}{x-a_1}<\frac{f(a_2)-f(x)}{a_2-x}$$

◀この式を $f(x)$ について解く

$$\therefore \left(\frac{1}{x-a_1}+\frac{1}{a_2-x}\right)f(x)<\frac{f(a_1)}{x-a_1}+\frac{f(a_2)}{a_2-x}$$

$$\therefore (a_2-a_1)f(x)<(a_2-x)f(a_1)+(x-a_1)f(a_2)$$

$$\therefore f(x)<\frac{f(a_1)(a_2-x)+f(a_2)(x-a_1)}{a_2-a_1} \quad \cdots\cdots (*)$$

ところで，この右辺の x の1次式を y とおいて得られる直線

$$y=\frac{f(a_1)(a_2-x)+f(a_2)(x-a_1)}{a_2-a_1}$$

は，2点 $P_1(a_1, f(a_1))$，$P_2(a_2, f(a_2))$ を通る直線だから，不等式 $(*)$ によって，$a_1 \leqq x \leqq a_2$ なる区間で，曲線弧 $\widehat{P_1P_2}$ は弦 $\overline{P_1P_2}$ の下側にあることが分かった！

さて，次に，区間 I の任意の点 a と x に対して，**テイラーの定理**より，

$$f(x)=f(a)+\frac{f'(a)}{1!}(x-a)+\frac{f''(c)}{2!}(x-a)^2$$

なる c（c は a と x の間）が存在する．

$$\therefore f(x) \geqq f(a)+f'(a)(x-a) \qquad \blacktriangleleft f''(c)>0$$

これは，点 a における接線

$$y=f(a)+f'(a)(x-a)$$

が曲線孤の下側にあることを示しているね．

以上によって，証明は，すべて完了した．

例題 7.1 — 関数の増減・凹凸

次の関数の増減・凹凸を調べて，グラフの概形をかけ．

(1) $y = x^4 - 8x^3 + 18x^2 - 16x + 5$

(2) $y = \dfrac{\log x}{x}$ （$x > 0$）

解 y' で増減を，y'' で凹凸を調べる．

(1) $y = x^4 - 8x^3 + 18x^2 - 16x + 5$ ◀ じつは $y = (x-1)^3(x-5)$

$y' = 4x^3 - 24x^2 + 36x - 16$
$\quad = 4(x^3 - 6x^2 + 9x - 4)$
$\quad = 4(x-1)^2(x-4)$

$y'' = 12x^2 - 48x + 36$
$\quad = 12(x-1)(x-3)$

したがって，与えられた関数の増減凹凸は，下表のようになる：

x	⋯	1	⋯	3	⋯	4	⋯
y'	−	0	−	−	−	0	+
y''	+	0	−	0	+	+	+
y	↘	0	↘	−16	↘	−27	↗

ゆえに，グラフは図のようになる．

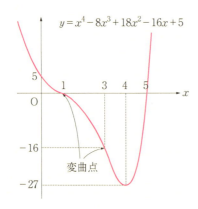

変曲点

Point

関数のグラフ

次を調べる：
- 増減・凹凸
- 両軸との交点
- $x \to \pm\infty$ のときの状況

（2） $y = \dfrac{\log x}{x}$ （$x > 0$）

$\quad y' = \dfrac{1 - \log x}{x^2}$

$\quad y'' = \dfrac{(2\log x) - 3}{x^3} = \dfrac{2}{x^3}\left\{(\log x) - \dfrac{2}{3}\right\}$

したがって，与えられた関数の増減凹凸は，下表のようになる：

x	0	$\cdots$	e	$\cdots$	$e^{\frac{3}{2}}$	$\cdots$	$+\infty$
y'		+	0	−		−	
y''		−	−	−	0	+	
y	$-\infty$	↗	e^{-1}	↘	$\dfrac{3}{2}e^{-\frac{3}{2}}$	↘	0

▶注 $\displaystyle\lim_{x \to +\infty} \dfrac{\log x}{x} = \lim_{x \to +\infty} \dfrac{(\log x)'}{(x)'}$

$\qquad\qquad = \displaystyle\lim_{x \to +\infty} \dfrac{1}{x} = 0$

◀ $\dfrac{\infty}{\infty}$ 型不定形にロピタル

ゆえに，グラフは図のようになる．

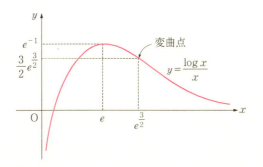

◀ $e^{-1} \fallingdotseq 0.37$

◀ $\dfrac{3}{2}e^{-\frac{3}{2}} \fallingdotseq 0.31$

◀ $e \fallingdotseq 2.7$

◀ $e^{\frac{3}{2}} \fallingdotseq 4.8$

=== **演習問題 7.1** ===

次の関数の増減・凹凸を調べて，グラフの概形をかけ．

（1） $y = x^3 - 3x^2 - 9x - 5$

（2） $y = x^2 e^{-x}$

第3章 積 分 法

$\sum$ も $\int$ も "和" を意味します.
$\sum$ は, **ポツポツ加え**, $\int$ は時々刻々, **瞬間瞬間に加える**ことです.

午後3時 t 分に, 1分間 $f(t)$ リットルの割で, 雨が降るとき, 定積分 $\int_a^b f(t)\,dt$ は, 午後3時 a 分から3時 b 分までの**全降水量**を表わす. 強く降ったり, 弱く降ったり, 時々刻々の総計(トータル)だものね.

§8 原始関数の計算・1

まず基本関数・基本公式から

前章の微分法に続いて，積分法に入るよ．では，行こう．

原始関数

$F'(x) = f(x)$ のとき，$F(x)$ を $f(x)$ の**原始関数**とよび，

$$F(x) = \int f(x)\,dx$$

などと記す．すなわち，

$F(x)$ は $f(x)$ の原始関数 $\iff$ $f(x)$ は $F(x)$ の導関数

例 $(x^4)' = 4x^3,\ (x^4 + 1)' = 4x^3,\ (x^4 + 100)' = 4x^3$

だから，

$x^4,\ x^4 + 1,\ x^4 - 100$ は，すべて $4x^3$ の原始関数

▶**注** 原始関数の一意性　区間 $a < x < b$ 上の関数について，

$F'(x) = G'(x) \implies F(x) = G(x) + C$　　◀高々定数 C の差

次に，原始関数の具体例を示そう．
なお，次の性質によって，より簡単な関数の計算に帰着される：

$$\int (af(x) + bg(x))\,dx = a\int f(x)\,dx + b\int g(x)\,dx \quad [\text{線形性}]$$

例 $\displaystyle\int (2x^3 + 3x^4)\,dx$

$\displaystyle = 2\int x^3 dx + 3\int x^4 dx$

$\displaystyle = 2 \cdot \frac{x^{3+1}}{3+1} + 3 \cdot \frac{x^{4+1}}{4+1} + C$

$\displaystyle = \frac{1}{2}x^4 + \frac{3}{5}x^5 + C$

$$\int x^\alpha dx = \frac{x^{\alpha+1}}{\alpha+1} \quad (\alpha \neq -1)$$
$$\int \frac{1}{x}\,dx = \log |x|$$

この C を**積分定数**とよぶことを申し添えておく．

例 $\int (2x+1)(x^2+x-3)dx = \int (2x^3+3x^2-5x-3)dx$

$= 2 \cdot \dfrac{x^4}{4} + 3 \cdot \dfrac{x^3}{3} - 5 \cdot \dfrac{x^2}{2} - 3x + C = \dfrac{1}{2}x^4 + x^3 - \dfrac{5}{2}x^2 - 3x + C$

積分定数 C は，積分記号 $\int$ が全部消えたとき，まとめて，$+C$ とかけばいいんだ．しかし，この積分定数 C は，しばしば省略されることがあるよ．

例 $\int \sqrt{x}(x-1)dx = \int (x\sqrt{x} - \sqrt{x})dx = \int (x^{\frac{3}{2}} - x^{\frac{1}{2}})dx$

$= \dfrac{x^{\frac{3}{2}+1}}{\frac{3}{2}+1} - \dfrac{x^{\frac{1}{2}+1}}{\frac{1}{2}+1} = \dfrac{2}{5}x^{\frac{5}{2}} - \dfrac{2}{3}x^{\frac{3}{2}}$ ◀ $x^{\frac{5}{2}}$ を $x^2\sqrt{x}$ とかき直す必要はない

$\int \dfrac{(1+\sqrt{x})^2}{x}dx = \int \dfrac{1+2\sqrt{x}+x}{x}dx$

$= \int \left(\dfrac{1}{x} + \dfrac{2}{\sqrt{x}} + 1\right)dx = \int \left(\dfrac{1}{x} + 2x^{-\frac{1}{2}} + 1\right)dx$

$= \log|x| + 2 \cdot \dfrac{x^{-\frac{1}{2}+1}}{-\frac{1}{2}+1} + x = \log|x| + 4\sqrt{x} + x$

例 さらに，具体例を挙げておこう．

(1) $\int (2x-3)^4 dx$

$= \dfrac{1}{2} \dfrac{(2x-3)^{4+1}}{4+1}$

$= \dfrac{1}{10}(2x-3)^5$

$\boxed{\int (ax+b)^\alpha dx = \dfrac{1}{a}\dfrac{(ax+b)^{\alpha+1}}{\alpha+1} \quad (\alpha \neq -1)}$

$\int \dfrac{1}{ax+b}dx = \dfrac{1}{a}\log|ax+b|$

(2) $\int \sqrt{4x+5}\,dx = \int (4x+5)^{\frac{1}{2}}dx = \dfrac{1}{6}(4x+5)^{\frac{3}{2}}$

(3) $\int \dfrac{1}{6x-7}dx = \dfrac{1}{6}\log|6x-7|$

第3章 積分法

例題 8.1 ─────────────── 基本関数の原始関数

次の関数の原始関数を求めよ．

(1) e^{3x-4} (2) $\sin\dfrac{x+3}{2}$

(3) $\cos^2(4x+5)$ (4) $\sqrt[3]{5x+7}$

$$\int e^{ax+b}dx = \frac{1}{a}e^{ax+b}$$

$$\int \cos(ax+b)dx = \frac{1}{a}\sin(ax+b)$$

$$\int \sin(ax+b)dx = -\frac{1}{a}\cos(ax+b)$$

ただし，$a \neq 0$．

◀右辺を微分して公式の成立を確認しよう

例 上の公式による．

(1) $\displaystyle\int e^{3x-4}dx = \frac{1}{3}e^{3x-4}$ ◀積分定数は省略した

(2) $\displaystyle\int \sin\frac{x+3}{2}dx = \int \sin\left(\frac{1}{2}x + \frac{3}{2}\right)dx$ ◀$\sin(ax+b)$ の形に変形

$= -\dfrac{1}{\frac{1}{2}}\cos\left(\dfrac{1}{2}x+\dfrac{3}{2}\right) = -2\cos\dfrac{x+3}{2}$

(3) $\displaystyle\int \cos^2(4x+5)dx$

$= \displaystyle\int \frac{1+\cos 2(4x+5)}{2}dx$

$= \dfrac{1}{2}\displaystyle\int (1+\cos(8x-10))dx$

$= \dfrac{1}{2}\left(x + \dfrac{1}{8}\sin(8x+10)\right)$

$= \dfrac{1}{2}x + \dfrac{1}{16}\sin(8x+10)$

How to

微積分の計算

積・ベキ・商 ⇒ 和・差へ

$$\cos^2 A = \frac{1+\cos 2A}{2}$$

$$\sin^2 A = \frac{1-\cos 2A}{2}$$

（4）$\displaystyle\int \sqrt[3]{5x+7}\,dx = \int (5x+7)^{\frac{1}{3}}\,dx = \frac{1}{5}\frac{(5x+7)^{\frac{1}{3}+1}}{\frac{1}{3}+1}$

$\displaystyle\qquad\qquad = \frac{3}{20}(5x+7)^{\frac{4}{3}}$ ◀ 分数指数のママでよい

プラスα — 公式の憶え方

公式の憶え方．これは，語学と同じで，

使いながら憶える

これが，**ただ一つの秘訣**です．

　丸暗記しようと思ってもダメですよ．ウロ覚えは禁物．公式集を見ながら，くり返し正確に使ってみることです．

　ただ，数学の公式と語学には大きな相違があります．

　その第一は，数学の公式は，自分で導くことができることです．

公式の証明は，問題解法のモデルケース

です．この本にも，多くの公式の証明が出ています．ぜひ，ママターして下さい．

　また，たとえば，英語などでは，少々のミスがあっても，大意は通じるでしょうが，数学は，all or nothing・**遠からずといえども当らず**です．これが，両者の第二の相違点といえるでしょう．

演習問題 8.1

次の関数の原始関数を求めよ．

（1）$\dfrac{1}{e^{2x+3}}$　　　　　　　　（2）$\cos\dfrac{3x+4}{2}$

（3）$\sin^2(4x+5)$　　　　　　（4）$\dfrac{1}{\sqrt[3]{5-x}}$

置換積分法

先ほども，$\int e^{ax-b} dx = \dfrac{1}{a} e^{ax-b}$ という公式が出てきたね．これを一般化したのが，置換積分法なんだ．

置換積分法（または**置換積分**）の原形は，次のようだ：

> $f(t)$, $g'(x)$ が，連続ならば，
> $$\int f(g(x)) g'(x) dx = \int f(t) dt \qquad [\, t = g(x) \,]$$

置換積分

証明　$\dfrac{d}{dx} \int f(t) dt = \dfrac{d}{dt} \int f(t) dt \cdot \dfrac{dt}{dx}$　　　◀合成関数の微分法

$\qquad\qquad = f(t) g'(x) = f(g(x)) g'(x)$

ご覧のように，置換積分法は，**合成関数の微分法の積分バージョン**だよ．また，上の定理で，形式的に，

$$t = g(x) \implies \dfrac{dt}{dx} = g'(x) \implies dt = g'(x) dx$$

としてもよいことが分かるね．では，さっそく，具体例をやってみよう．

例　$\int \sin^5 x \cos x \, dx$　を求めよう．

いま，$t = \sin x$ とおけば，$dt = \cos x \, dx$

∴　$\int \sin^5 x \cos x \, dx = \int t^5 dt = \dfrac{1}{6} t^6 = \dfrac{1}{6} \sin^6 x$

ここで "$t = \sin x$ とおく" と記さずに，次のような計算がオススメ：

$\int \sin^5 x \cos x \, dx$

$= \int (\sin x)^5 (\sin x)' dx$

$= \dfrac{(\sin x)^{5+1}}{5+1} = \dfrac{1}{6} \sin^6 x$

> 慣れたらこのように計算しましょう．

さらに，具体例を続けよう． ◀ 教訓より例題の方が有用

例 （1） $(\cos x)' = -\sin x$ に着目して，

$$\int \frac{\sin x}{\cos^4 x} dx = \int (\cos x)^{-4} (\cos x)' dx$$

$$= -\frac{(\cos x)^{-4+1}}{-4+1} = \frac{1}{3\cos^3 x}$$

▶**注** 試みに，$\dfrac{1}{3\cos^3 x}$ を微分してみたまえ．置換積分法は合成関数の微分法の逆用であることが分かるから．

（2） $\displaystyle\int \frac{1}{x}(1+\log x)^2 dx = \int (1+\log x)^2 (1+\log x)' dx$

$$= \frac{1}{3}(1+\log x)^3$$

（3） $\displaystyle\int \frac{x+1}{x^2+1} dx = \frac{1}{2}\int \frac{2x}{x^2+1} dx + \int \frac{1}{x^2+1} dx$ ◀ この変形がポイント

$$= \frac{1}{2}\int \frac{(x^2+1)'}{x^2+1} dx + \tan^{-1} x$$

$$= \frac{1}{2}\log(x^2+1) + \tan^{-1} x$$

$$\boxed{\int \frac{f'(x)}{f(x)} dx = \log|f(x)|}$$

（4） $\displaystyle\int \tan x\, dx = \int \frac{\sin x}{\cos x} dx$

$$= -\int \frac{(\cos x)'}{\cos x} dx = -\log|\cos x|$$

（5） $\displaystyle\int \frac{x+2}{x^2-1} dx = \frac{1}{2}\int \frac{2x}{x^2-1} dx + 2\int \frac{1}{x^2-1} dx$

$$= \frac{1}{2}\int \frac{(x^2-1)'}{x^2-1} dx + 2\cdot\frac{1}{2}\int \left(\frac{1}{x-1} - \frac{1}{x+1}\right) dx$$

$$= \frac{1}{2}\log|x^2-1| + \log\left|\frac{x-1}{x+1}\right| = \frac{1}{2}\log\frac{|x-1|^3}{|x+1|}$$

置換積分法は，まだまだ発展する．§9 を，お楽しみに！

例題 8.2　　基本公式の適用

次の関数の原始関数を求めよ．

(1) $\dfrac{1}{4x^2+9}$　　(2) $\dfrac{1}{4x^2-9}$　　(3) $\dfrac{1}{\sqrt{9-4x^2}}$

(4) $\sqrt{9-4x^2}$　　(5) $\dfrac{1}{\sqrt{2x^2+3}}$　　(6) $\sqrt{2x^2-3}$

$$\int \dfrac{1}{x^2+a^2}\,dx = \dfrac{1}{a}\tan^{-1}\dfrac{x}{a}$$

$$\int \dfrac{1}{x^2-a^2}\,dx = \dfrac{1}{2a}\log\left|\dfrac{x-a}{x+a}\right|$$

$$\int \dfrac{1}{\sqrt{a^2-x^2}}\,dx = \sin^{-1}\dfrac{x}{a}$$

以上で，$a>0$ とする．

公式は，**a** のついた形で憶えましょう．

解　**公式が使える形**にしてから，公式を適用する．

(1) $\displaystyle\int \dfrac{1}{4x^2+9}\,dx = \dfrac{1}{4}\int \dfrac{1}{x^2+(3/2)^2}\,dx$

$\qquad\qquad = \dfrac{1}{4}\cdot\dfrac{1}{3/2}\tan^{-1}\dfrac{x}{3/2} = \dfrac{1}{6}\tan^{-1}\dfrac{2}{3}x$

(2) $\displaystyle\int \dfrac{1}{4x^2-9}\,dx = \dfrac{1}{4}\int \dfrac{1}{x^2-(3/2)^2}\,dx$

$\qquad\qquad = \dfrac{1}{4}\dfrac{1}{2\cdot(3/2)}\log\left|\dfrac{x-3/2}{x+3/2}\right| = \dfrac{1}{12}\log\left|\dfrac{2x-3}{2x+3}\right|$

(3) $\displaystyle\int \dfrac{1}{\sqrt{9-4x^2}}\,dx = \dfrac{1}{2}\int \dfrac{1}{\sqrt{(3/2)^2-x^2}}\,dx$

$\qquad\qquad = \dfrac{1}{2}\sin^{-1}\dfrac{x}{3/2} = \dfrac{1}{2}\sin^{-1}\dfrac{2}{3}x$

$$\int \sqrt{a^2-x^2}\,dx = \frac{1}{2}\left(x\sqrt{a^2-x^2}+a^2\sin^{-1}\frac{x}{a}\right)$$

$$\int \frac{1}{\sqrt{x^2+A}}\,dx = \log|x+\sqrt{x^2+A}|$$

$$\int \sqrt{x^2+A}\,dx = \frac{1}{2}(x\sqrt{x^2+A}+A\log|x+\sqrt{x^2+A}|)$$

以上で, $a>0$ であるが, A は正でも負でもよい.

(4) $\displaystyle\int \sqrt{9-4x^2}\,dx = 2\int \sqrt{\left(\frac{3}{2}\right)^2-x^2}\,dx$

$\displaystyle = 2\cdot\frac{1}{2}\left\{x\sqrt{\left(\frac{3}{2}\right)^2-x^2}+\left(\frac{3}{2}\right)^2\sin^{-1}\frac{x}{3/2}\right\}$

$\displaystyle = \frac{1}{2}x\sqrt{9-4x^2}+\frac{9}{4}\sin^{-1}\frac{2}{3}x$

(5) $\displaystyle\int \frac{1}{\sqrt{2x^2+3}}\,dx = \frac{1}{\sqrt{2}}\int \frac{1}{\sqrt{x^2+\frac{3}{2}}}\,dx = \frac{1}{\sqrt{2}}\log\left|x+\sqrt{x^2+\frac{3}{2}}\right|$

(6) $\displaystyle\int \sqrt{2x^2-3}\,dx = \sqrt{2}\int \sqrt{x^2-\frac{3}{2}}\,dx$

$\displaystyle = \frac{\sqrt{2}}{2}\left(x\sqrt{x^2-\frac{3}{2}}-\frac{3}{2}\log\left|x+\sqrt{x^2-\frac{3}{2}}\right|\right)$

◀これ以上変形しても, あまりキレイにならない

=== 演習問題 8.2 ===

次の関数の原始関数を求めよ.

(1) $\dfrac{1}{1+4x^2}$ (2) $\dfrac{1}{1-4x^2}$ (3) $\dfrac{1}{\sqrt{1-9x^2}}$

(4) $\sqrt{1-9x^2}$ (5) $\dfrac{1}{\sqrt{4x^2+3}}$ (6) $\sqrt{4x^2+3}$

§9 原始関数の計算・2

置換積分は発見・部分積分は試行錯誤

部分積分法

原始関数の計算も，置換積分に今回の部分積分が加わると，計算も幅広くなる．**部分積分法**（または**部分積分**）の原形は，次のようである：

$f'(x)$, $g'(x)$ が，連続ならば，

（微分）

$$\int f(x)g'(x)\,dx = f(x)g(x) - \int f'(x)g(x)\,dx$$

（積分）

部分積分

証明　$(f(x)g(x))' = f'(x)g(x) + f(x)g'(x)$　◀積の微分法

$f(x)g'(x) = (f(x)g(x))' - f'(x)g(x)$

∴ $\int f(x)g'(x)\,dx = f(x)g(x) - \int f'(x)g(x)\,dx$

↑ マイナスに注意！

部分積分法は，**積の微分法の積分バージョン**なのだ．

解　(1) $\displaystyle\int xe^x\,dx = \int \underset{f\ \ g'}{x(e^x)'}\,dx$

$= \underset{f\ \ g}{xe^x} - \int \underset{f'\ g}{(x)'e^x}\,dx = xe^x - \int e^x\,dx = xe^x - e^x$

(2) $\displaystyle\int x\cos x\,dx = \int \underset{f\ \ g'}{x(\sin x)'}\,dx = x\sin x - \int \underset{f'\ g}{1\cdot\sin x}\,dx$

（1を補う）

$= x\sin x - (-\cos x) = x\sin x + \cos x$

(3) $\displaystyle\int \log x\,dx = \int 1\cdot\log x\,dx = x\log x - \int x\cdot\frac{1}{x}\,dx$

$= x\log x - \int 1\,dx = (x\log x) - x$

（5）$\displaystyle\int \tan^{-1} x = \int 1\cdot \tan^{-1} x\, dx = x\tan^{-1} x - \int x\cdot \frac{1}{1+x^2} dx$

$\displaystyle\qquad = x\tan^{-1} x - \frac{1}{2}\int \frac{2x}{1+x^2} dx = x\tan^{-1} x - \frac{1}{2}\log(1+x^2)$

プラスα  $\int P(x)e^{\alpha x}dx$ の実用公式

x の多項式 $P(x)$ に対して，次が成立します：

$$\int P(x)e^{\alpha x}dx = \frac{1}{\alpha}\left(P(x) - \frac{P'(x)}{\alpha} + \frac{P''(x)}{\alpha^2} - \frac{P'''(x)}{\alpha^3} + \cdots\right)e^{\alpha x}$$

↑ 有限項

とくに，

$$\int P(x)e^x dx = (P(x) - P'(x) + P''(x) - \cdots)e^x$$

$$\int P(x)e^{-x} dx = -(P(x) + P'(x) + P''(x) + \cdots)e^{-x}$$

例　$\displaystyle\int x^2 e^{3x}dx = \frac{1}{3}\left(x^2 - \frac{2x}{3} + \frac{2}{9}\right)e^{3x}$

置換積分は発見だよ

ならば部分積分って試行錯誤なのね

解 部分積分法によって，次の原始関数を求めてみよう：
$$I=\int e^{ax}\cos bx\,dx, \quad J=\int e^{ax}\sin bx\,dx$$
$a=0$ の場合は，面白くないので，$a\neq 0$ と考えてよかろう．
$$I=\int e^{ax}\cos bx\,dx = \frac{e^{ax}}{a}\cos bx - \int \frac{e^{ax}}{a}(-b\sin bx)\,dx$$
$$= \frac{e^{ax}}{a}\cos bx + \frac{b}{a}\underline{\int e^{ax}\sin bx\,dx}$$

↑ これは，**J** だ！

同様に，
$$J=\int e^{ax}\sin bx = \frac{e^{ax}}{a}\sin bx - \int \frac{e^{ax}}{a}(b\cos bx)\,dx$$
$$= \frac{e^{ax}}{a}\sin bx - \frac{b}{a}\underline{\int e^{ax}\cos bx\,dx}$$

↑ これは，**I** だ！

すなわち，
$$I = \frac{e^{ax}}{a}\cos bx + \frac{b}{a}J \quad \cdots\cdots\cdots\cdots\cdots\cdots ①$$
$$J = \frac{e^{ax}}{a}\sin bx - \frac{b}{a}I \quad \cdots\cdots\cdots\cdots\cdots\cdots ②$$

あとは，この①，②を，I, J について解くだけの話だ．たとえば，
$$①\times a^2 + ②\times ab \quad および \quad ②\times a^2 - ①\times ab$$
を作ると， ◀中学数学の加減法
$$(a^2+b^2)I = e^{ax}(a\cos bx + b\sin bx)$$
$$(a^2+b^2)J = e^{ax}(a\sin bx - b\cos bx)$$
したがって，
$$I = \int e^{ax}\cos bx\,dx = \frac{e^{ax}}{a^2+b^2}(a\cos bx + b\sin bx)$$
$$J = \int e^{ax}\sin bx\,dx = \frac{e^{ax}}{a^2+b^2}(a\sin bx - b\cos bx)$$

オイラーの公式

$$e^{i\theta} = \cos\theta + i\sin\theta$$

これが，オイラーの公式で，**理工系では必須中の必須公式**です．i はもちろん，虚数単位 $i=\sqrt{-1}$ です．

オイラーの公式は，左ページの問題にも，その偉力を発揮します．

$$I + iJ = \int e^{ax}(\cos bx + i\sin bx)dx = \int e^{ax}e^{bxi}dx$$

$$= \int e^{(a+bi)x}dx \stackrel{\star}{=} \frac{1}{a+bi}e^{(a+bi)x}$$

$$= \frac{a-bi}{a^2+b^2}e^{ax}b^{bxi} = \frac{a-bi}{a^2+b^2}e^{ax}(\cos bx + i\sin bx)$$

いかがでしょうか．右辺を正直に計算して，実部・虚部を求めて下さい．自然に原始関数 I, J が出てきます．

上の計算で，積分計算は，$\stackrel{\star}{=}$ だけで，他に何のテクニックも使っていないことに注意して下さい．

▶**注** いま，多少の冒険を覚悟で，e^x のマクローリン展開

$$e^x = 1 + \frac{x}{1!} + \frac{x^2}{2!} + \frac{x^3}{3!} + \frac{x^4}{4!} + \cdots\cdots$$

が，$x = i\theta$ の場合にも成立するとしたらどうでしょう．

$$e^{i\theta} = 1 + \frac{i\theta}{1!} + \frac{(i\theta)^2}{2!} + \frac{(i\theta)^3}{3!} + \frac{(i\theta)^4}{4!} + \cdots\cdots$$

$$= \left(1 - \frac{\theta^2}{2!} + \frac{\theta^4}{4!} - \cdots\right) + i\left(\theta - \frac{\theta^3}{3!} + \frac{\theta^5}{5!} - \cdots\right)$$

$$= \cos\theta + i\sin\theta$$

有理関数の積分法

与えられた有理関数（分数関数）の原始関数は，この有理関数を，

$$\text{多項式関数,} \quad \frac{a}{(x-p)^n}, \quad \frac{ax+b}{\{(x-p)^2+q^2\}^n} \quad (n=1, 2, \cdots)$$

のいくつかの和で表わすこと ― **部分分数分解** ― によって求める．

例 （1） $\displaystyle\int \frac{x-4}{(x-2)(x-3)} dx = \int \left(\frac{2}{x-2} - \frac{1}{x-3}\right) dx$

$\hspace{5cm} = 2\log|x-2| - \log|x-3|$

三角関数の積分法

$\cos x, \sin x$ の有理関数の積分は，次の公式により，**有理関数の積分に帰着**する：

$$\tan \frac{x}{2} = t \text{ とおけば,}$$
$$\cos x = \frac{1-t^2}{1+t^2}, \quad \sin x = \frac{2t}{1+t^2}, \quad dx = \frac{2}{1+t^2} dt$$

三角関数の有理化公式

証明 $\cos x = \dfrac{\cos^2 \frac{x}{2} - \sin^2 \frac{x}{2}}{\cos^2 \frac{x}{2} + \sin^2 \frac{x}{2}} = \dfrac{1 - \tan^2 \frac{x}{2}}{1 + \tan^2 \frac{x}{2}} = \dfrac{1-t^2}{1+t^2}$

$\hspace{1.5cm} \sin x = \dfrac{2\cos \frac{x}{2} \sin \frac{x}{2}}{\cos^2 \frac{x}{2} + \sin^2 \frac{x}{2}} = \dfrac{2\tan \frac{x}{2}}{1 + \tan^2 \frac{x}{2}} = \dfrac{2t}{1+t^2}$

$\hspace{1.5cm} \dfrac{dx}{dt} = \dfrac{d}{dt}(2\tan^{-1} t) = \dfrac{2}{1+t^2}$ ◀ $\dfrac{x}{2} = \tan^{-1} t$

▶**注** とくに，$\cos^2 x, \sin^2 x, \tan x$ の有理関数の積分は，$\tan x = t$ とおけば，t の有理関数の積分に帰着される．

無理関数の積分法

これも，置換積分によって有理関数の積分に帰着させるのだ．その代表的なものを記しておこう．もちろん，$R(x,y)$ は，x,y の有理関数のこと．

被積分関数	置 換 法
$R(x, \sqrt[n]{ax+b})$	$\sqrt[n]{ax+b} = t$
$R\left(x, \sqrt[n]{\dfrac{ax+b}{cx+d}}\right)$	$\sqrt[n]{\dfrac{ax+b}{cx+d}} = t$
$R(x, \sqrt{x^2+ax+b})$	$\sqrt{x^2+ax+b} = t-x$
$R(x, \sqrt{(x-a)(b-x)})$	$\sqrt{\dfrac{x-a}{b-x}} = t$　　$(a<b)$
$R(x, \sqrt{a^2+x^2}),\ a>0$	$x = a\tan t$　$(-\pi/2 < t < \pi/2)$
$R(x, \sqrt{a^2-x^2}),\ a>0$	$x = a\sin t$　$(-\pi/2 \leq t \leq \pi/2)$

↑ この範囲が大切

具体例として，次の基本公式を証明してみよう：

例　$\displaystyle\int \frac{1}{\sqrt{x^2+A}} dx = \log|x + \sqrt{x^2+A}|$

いま，上の定石に忠実に，
$$\sqrt{x^2+A} = t-x$$
とおいてみよう．この式の両辺を2乗すると，

$$x = \frac{1}{2}\left(t - \frac{A}{t}\right),\quad \sqrt{x^2+A} = t-x = t - \frac{1}{2}\left(t - \frac{A}{t}\right) = \frac{t^2+A}{2t}$$

$$\frac{dx}{dt} = \frac{1}{2}\left(1 + \frac{A}{t^2}\right) \quad \therefore\quad dx = \frac{t^2+A}{2t^2} dt$$

となるので，

$$\int \frac{1}{\sqrt{x^2+A}} dx = \int \frac{2t}{t^2+A} \cdot \frac{t^2+A}{2t^2} dt = \int \frac{1}{t} dt$$

◀ うまい！

$$= \log|t| = \log|x + \sqrt{x^2+A}|$$

─── 例題 9.1 ─────────────────── 有理関数の積分法 ───

次の関数の原始関数を求めよ.

(1) $\dfrac{x-3}{(x-1)(x-2)}$ (2) $\dfrac{2x^2}{(x+1)(x^2+1)}$ (3) $\dfrac{1}{x(x+1)^2}$

解 与えられた関数を，**部分分数に分解**する.

(1) $\dfrac{x-3}{(x-1)(x-2)} = \dfrac{a}{x-1} + \dfrac{b}{x-2}$

とおき，右辺を通分すれば，

$$\dfrac{x-3}{(x-1)(x-2)} = \dfrac{(a+b)x + (-2a-b)}{(x-1)(x-2)}$$

分子の各項の係数を比較して，

$$\begin{cases} a+b=1 \\ -2a-b=-3 \end{cases} \therefore \begin{cases} a=2 \\ b=-1 \end{cases}$$

How to
微積分の計算
⬇
積・商 ⟹ 和・差へ

ゆえに，

$$\int \dfrac{x-3}{(x-1)(x-2)} dx = \int \left(\dfrac{2}{x-1} - \dfrac{1}{x-2} \right) dx = 2\log|x-1| - \log|x-2|$$

(2) $\dfrac{2x^2}{(x+1)(x^2+1)} = \dfrac{a}{x+1} + \dfrac{bx+c}{x^2+1}$

とおき，右辺を通分すれば.

$$\dfrac{2x^2}{(x+1)(x^2+1)} = \dfrac{(a+b)x^2 + (b+c)x + (a+c)}{(x+1)(x^2+1)}$$

分子の各項の係数を比較して．

$$\begin{cases} a+b=2 \\ b+c=0 \\ a+c=0 \end{cases} \therefore \begin{cases} a=1 \\ b=1 \\ c=-1 \end{cases}$$

ゆえに，

$$\int \dfrac{2x^2}{(x+1)(x^2+1)} dx = \int \left(\dfrac{1}{x+1} + \dfrac{x-1}{x^2+1} \right) dx$$

$$= \int \frac{1}{x+1} dx + \frac{1}{2} \int \frac{2x}{x^2+1} dx - \int \frac{1}{x^2+1} dx$$

$$= \log|x+1| + \frac{1}{2} \log(x^2+1) - \tan^{-1} x$$

◀ この変形がポイント

（3）

> **Point**
> 分母が因数 $(x-\alpha)^n$ をもつとき
> $$\frac{a_1}{x-\alpha} + \frac{a_2}{(x-\alpha)^2} + \cdots + \frac{a_n}{(x-\alpha)^n}$$
> とおく．

◀ 分母が平方因数
$(x+1)^2$ をもつので
$$\frac{a}{x} + \frac{b}{(x+1)^2}$$
とおいては解決しない

$$\frac{1}{x(x+1)^2} = \frac{a}{x} + \frac{b}{x+1} + \frac{c}{(x+1)^2}$$

とおき，右辺を通分すると，

$$\frac{1}{x(x+1)^2} = \frac{a(x+1)^2 + bx(x+1) + cx}{x(x+1)^2}$$

両辺の分子を比較して，

$$1 = a(x+1)^2 + bx(x+1) + cx \quad \cdots\cdots\cdots\cdots (*)$$

$$\begin{cases} x = 0 \text{ とおけば，} 1 = a \\ x = -1 \text{ とおけば，} 1 = -c \\ x = 1 \text{ とおけば，} 1 = 4a + 2b + c \end{cases} \quad \therefore \begin{cases} a = 1 \\ b = -1 \\ c = -1 \end{cases}$$

ゆえに，

$$\int \frac{1}{x(x+1)^2} dx = \int \left(\frac{1}{x} - \frac{1}{x+1} - \frac{1}{(x+1)^2} \right) dx$$

$$= \log|x| - \log|x+1| + \frac{1}{x+1} = \log\left|\frac{x}{x+1}\right| + \frac{1}{x+1}$$

▶注 （*）を（1），（2）のように，$\Box x^2 + \Box x + \Box$ の形に整理してもよい．

演習問題 9.1

次の関数の原始関数を求めよ．

（1） $\dfrac{x^3}{x-1}$ （2） $\dfrac{x^2+x+2}{(x-2)(x^2+4)}$ （3） $\dfrac{x}{(x-1)(x-2)^3}$

例題 9.2　　　　　　　　　　　　　　　三角関数・無理関数の積分法

次の関数の原始関数を求めよ．

（1）$\dfrac{1-\sin x}{1+\cos x}$　　　　　　（2）$\dfrac{1}{\cos^2 x + 4\sin^2 x}$

（3）$\dfrac{1}{(x+1)\sqrt{x-3}}$　　　　　（4）$\dfrac{1}{\sqrt{(x-1)(2-x)}}$

解　（1）　$t=\tan\dfrac{x}{2}$ とおけば，

$$\cos x = \frac{1-t^2}{1+t^2}, \quad \sin x = \frac{2t}{1+t^2}, \quad dx = \frac{2}{1+t^2}dt$$

◀三角関係の有理化公式

となるから，

$$\int \frac{1-\sin x}{1+\cos x}dx = \int \frac{1-\dfrac{2t}{1+t^2}}{1+\dfrac{1-t^2}{1+t^2}} \cdot \frac{2}{1+t^2}dt = \int \left(1-\frac{2t}{1+t^2}\right)dt$$

$$= t - \log(1+t^2) = \tan\frac{x}{2} - \log\left(1+\tan^2\frac{x}{2}\right)$$

（2）　$t=\tan x$ とおけば，

$$\cos^2 x = \frac{1}{1+t^2}, \quad \sin^2 x = \frac{t^2}{1+t^2}, \quad dx = \frac{1}{1+t^2}dt$$

Point

$\cos^2 x$, $\sin^2 x$ の有理関数

⇩

$\tan x = t$ とおけ．

となるから，

$$\int \frac{1}{\cos^2 x + 4\sin^2 x}dx$$

$$= \int \frac{1}{\dfrac{1}{1+t^2}+\dfrac{4t^2}{1+t^2}} \cdot \frac{1}{1+t^2}dt = \int \frac{1}{4t^2+1}dt = \frac{1}{4}\int \frac{dt}{t^2+\left(\dfrac{1}{2}\right)^2}$$

$$= \frac{1}{4} \cdot \frac{1}{1/2}\tan^{-1}\frac{t}{1/2} = \frac{1}{2}\tan^{-1}2t = \frac{1}{2}\tan^{-1}(2\tan x)$$

（3）　$\sqrt{x-3}=t$ とおけば，

$$x = t^2+3, \quad dx = 2t\,dt$$

となるから，

$$\int \frac{1}{(x+1)\sqrt{x-3}}dx = \int \frac{1}{(t^2+4)t} \cdot 2t\,dt$$

$$= 2\int \frac{1}{t^2+4}dt = \tan^{-1}\frac{t}{2} = \tan^{-1}\frac{\sqrt{x-3}}{2}$$

（4）$\sqrt{\dfrac{x-1}{2-x}} = t$　とおけば，

$$x = \frac{2t^2+1}{t^2+1} = 2 - \frac{1}{t^2+1}$$

$$2-x = \frac{1}{t^2+1}, \quad dx = \frac{2t}{(t^2+1)^2}dt$$

となるから，

$$\int \frac{1}{\sqrt{(x-1)(2-x)}}dx = \int \frac{1}{2-x}\frac{1}{\sqrt{\dfrac{x-1}{2-x}}}dx$$

$$= \int (t^2+1)\frac{1}{t} \cdot \frac{2t}{(t^2+1)^2}dt = 2\int \frac{1}{t^2+1}dt$$

$$= 2\tan^{-1} t = 2\tan^{-1}\sqrt{\frac{x-1}{2-x}}$$

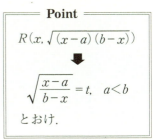

Point

$R(x, \sqrt[n]{ax+b})$

⬇

$\sqrt[n]{ax+b} = t$

とおけ．

Point

$R(x, \sqrt{(x-a)(b-x)})$

⬇

$\sqrt{\dfrac{x-a}{b-x}} = t, \quad a < b$

とおけ．

◀この変形が
ポイント

=== 演習問題 9.2 ===

次の関数の原始関数を求めよ．

（1）$\dfrac{2+\sin x}{\sin x(1+\cos x)}$　　　（2）$\dfrac{\sin^2 x}{4+\cos^2 x}$

（3）$\dfrac{1}{\sqrt{x}(1+\sqrt[3]{x})}$　　　（4）$\dfrac{1}{(x-1)\sqrt{(x-2)(3-x)}}$

§10 定積分

塵も積もれば山となる

定積分

さあ，次は，定積分だよ．これは，面積をモデルに，区間 $a \leqq x \leqq b$ で**有界な関数** $f(x)$ の定積分を考えてみよう．

◀区間 $a \leqq x \leqq b$ で，$f(x) \geqq 0$ と仮定しておく

いま，区間 $a \leqq x \leqq b$ 内に，分点
$$a = a_0 < a_1 < a_2 < \cdots < a_n = b$$
をとって，この区間を n 個の小区間
$$a_0 \leqq x \leqq a_1,\ a_1 \leqq x \leqq a_2,\ \cdots,\ a_{n-1} \leqq x \leqq a_n$$
に分割する．各小区間から，
$$\text{代表点}\ x_k \quad (a_{k-1} \leqq x_k \leqq a_k)$$
をとり，面積の**近似和**を作る：
$$S_n = f(x_1)d_1 + f(x_2)d_2 + \cdots + f(x_n)d_n \quad (d_k = a_k - a_{k-1})$$

このとき，各区間の幅 d_k がどれも 0 に近づくように分割を細かくしていくとき，分点や代表点の選び方によらず，近似和 S_n が一定値 S に近づくならば，$f(x)$ は区間 $a \leqq x \leqq b$ で**積分可能**であるといい，この S を関数 $f(x)$ の a から b までの**定積分**(または単に**積分**)とよび，

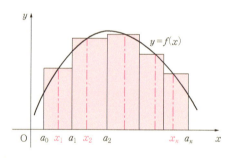

$$\int_a^b f(x)\,dx = \lim_{n \to \infty} \sum_{k=1}^n f(x_k)d_k$$

と記すのだ．いいね．

このとき，a をこの定積分の**下端**，b を**上端**，$a \leqq x \leqq b$ を**積分区間**，$f(x)$ を**被積分関数**，dx の x のように d とともに用いられる変数を**積分変数**とよぶのだ．すでに，ご存じだったかもしれないが．

▶注　定積分は，**積分変数**(横軸の名前)**によらない**：
$$\int_a^b f(x)\,dx = \int_a^b f(t)\,dt = \int_a^b f(u)\,du = \cdots\cdots$$
いま〝下端＜上端〟の場合を考えたが〝上端≦下端〟の場合も定積分を考えることとして，次のように定義する：
$$\int_a^b f(x)\,dx = -\int_b^a f(x)\,dx, \quad \int_a^a f(x)\,dx = 0$$

◀上端・下端を入れかえると符号だけ変わる

定積分の定義から，次の性質は，ほぼ明らかであろう：

● **線形性**
$$\int_a^b (\alpha f(x) + \beta g(x))\,dx = \alpha \int_a^b f(x)\,dx + \beta \int_a^b g(x)\,dx$$

● **単調性**　$f(x) \leq g(x)$　$(a \leq x \leq b)$　ならば，
$$\int_a^b f(x)\,dx \leq \int_a^b g(x)\,dx$$

● **加法性**　a, b, c の大小によらずに，
$$\int_a^c f(x)\,dx + \int_c^b f(x)\,dx = \int_a^b f(x)\,dx$$

● **絶対積分可能性**　$a \leq b$ のとき，
$$\left|\int_a^b f(x)\,dx\right| \leq \int_a^b |f(x)|\,dx$$

定積分の性質

▶注　加法性は，c を $a \leq x \leq b$ の分点の一つにとれば明らか．

関数 $f(x)$ の積分可能性について，次のことが知られている：
● 閉区間 $a \leq x \leq b$ で **連続** な関数は，この区間で積分可能．　◀逆は不成立
● 閉区間 $a \leq x \leq b$ で **単調** な関数は，この区間で積分可能．　◀逆は不成立

加法性 $\int_a^c + \int_c^b = \int_a^b$ が，a, b, c の大小によらず成立することと次は，同値：$\int_a^b = -\int_b^a$　かつ　$\int_a^a = 0$

第3章　積分法

不定積分

関数 $f(t)$ の a から x までの積分は，上端 x の関数だから，

$$G(x) = \int_a^x f(x)\,dt$$

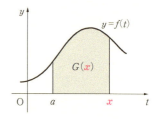

とおこう．この積分は，上端が変数でフラフラ動くので，$f(t)$ の**不定積分**とよぶのだ．

いま，区間 $a \leqq t \leqq b$ で，$|f(t)| \leqq K$ とすると， ◀ K は一つの上界

$$|G(x+h) - G(x)| = \left|\int_x^{x+h} f(t)\,dt\right| \leqq \int_x^{x+h} |f(t)|\,dt \leqq K|h|$$

$h \to 0$ のとき，$G(x+h) - G(x) \to 0$

となり，$G(x)$ は連続だね．

そこで，いま，$f(t)$ が連続の場合 $x \leqq t \leqq x+h$ または $x+h \leqq t \leqq x$ なる区間における $f(t)$ の最大値を M，最小値を m とすれば，$G(x+h) - G(x)$ は，図で色を付けた部分だから，

$$mh \leqq G(x+h) - G(x) \leqq Mh$$

$$m \leqq \frac{G(x+h) - G(x)}{h} \leqq M \quad \cdots \quad (*)$$

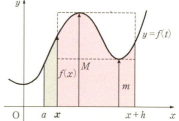

ここで，$h \to 0$ としてみよう．$f(t)$ の連続性から，

$$m \to f(x), \quad M \to f(x)$$

となるから，$(*)$ の三つの式は，仲良くお手々つないで，みんなで $f(x)$ に収束するね：

$$G'(x) = \lim_{h \to 0} \frac{G(x+h) - G(x)}{h} = f(x)$$

◀ ハサミウチの原理

見たまえ．不定積分 $G(x)$ は，なんと $f(x)$ の原始関数なのだ．

> 関数 $f(x)$ の不定積分 $\int_a^x f(t)\,dt$ は, x の連続関数. とくに, $f(x)$ がある区間で連続ならば, その区間で, 不定積分は微分可能で,
> $$\frac{d}{dx}\int_a^x f(t)\,dt = f(x)$$

不定積分の導関数

この定理によって, **連続関数は必ず原始関数をもつこと**が保障されたわけだね. **連続関数では, その不定積分が原始関数になっている**のだ.

 ──── 原始関数と不定積分 ────

ただし, この**逆は成立しない**のです. たとえば,
$$f(x) = \cos x, \quad F(x) = 4 + \sin x$$
のとき, $F'(x) = f(x)$ となり, $F(x)$ は $f(x)$ の原始関数です.

いま, $f(x)$ の不定積分を,
$$H(x) = \int_a^x f(t)\,dt = \int_a^x \cos t\,dt = \sin x - \sin a$$
とおいてみましょう. このとき,
$$|F(x)| = |4 + \sin x| \geqq 3$$
$$|H(x)| = |\sin x - \sin a| \leqq 2$$

ご覧のように, $F(x)$ と $H(x)$ とは, **一致しません**.

$F(x)$ は, $f(x)$ の原始関数ですが, 残念ながら, 不定積分にはなれませんね. 原始関数と不定積分は, **由来を異にする別概念**なのです.

▶注 〝不定積分〟を, 次のような意味に用いる本もあります:
（1） 原始関数全体の集合を, 不定積分という.
（2） 原始関数のことを, 不定積分ともいう.（同義語）

微積分学の基本定理

定積分の値を，定義から直接計算することは，ごく簡単な場合を除いては不可能に近い．そこで，別の方法を考えよう．

いま，$F(x)$ を連続関数 $f(x)$ の**任意**の原始関数としよう．このとき，

$$F(x) = \int_a^x f(t)\,dt + C$$

◀ $\int_a^x f(t)\,dt$ は，一つの原始関数

とかけるね．この等式で，$x=a$ および $x=b$ とおいてみよう．

$$F(a) = \int_a^a f(t)\,dt + C = C, \quad F(b) = \int_a^b f(t)\,dt + C$$

◀ $\int_a^a = 0$

ゆえに，

$$\int_a^b f(t)\,dt = F(b) - F(a) \quad (= \bigl[F(x)\bigr]_a^b \text{ と記す})$$

---

a, b を含む区間で，$F(x)$ が**連続関数** $f(x)$ の原始関数ならば，

$$\int_a^b f(x)\,dx = \bigl[F(x)\bigr]_a^b = F(b) - F(a)$$

微積分学の基本定理

それでは，具体例を見て行こう．

例
(1) $\displaystyle\int_2^4 \left(\sqrt{x} + \frac{1}{\sqrt{x}}\right)dx = \int_2^4 \left(x^{\frac{1}{2}} + x^{-\frac{1}{2}}\right)dx$

$= \left[\dfrac{2}{3}x^{\frac{3}{2}} + 2x^{\frac{1}{2}}\right]_2^4 = \dfrac{2}{3}\left(4^{\frac{3}{2}} - 2^{\frac{3}{2}}\right) + 2\left(4^{\frac{1}{2}} - 2^{\frac{1}{2}}\right)$

$= \dfrac{1}{3}(28 - 10\sqrt{2})$

(2) $\displaystyle\int_{\frac{\pi}{4}}^{\frac{\pi}{3}} \cos x\,dx = \bigl[\sin x\bigr]_{\frac{\pi}{4}}^{\frac{\pi}{3}}$

$= \sin\dfrac{\pi}{3} - \sin\dfrac{\pi}{4} = \dfrac{\sqrt{3}}{2} - \dfrac{\sqrt{2}}{2}$

項ごとに，上端・下端を代入するといいよ

置換積分・部分積分

定積分での置換積分・部分積分は，次のようである：

- $f(t), g'(x)$ が連続であるとき，$t=g(x)$ とおけば，

$$\int_a^b f(g(x))g'(x)dx = \int_\alpha^\beta f(t)dt \qquad \begin{array}{c|c} x & a \to b \\ \hline t & \alpha \to \beta \end{array}$$

$$t = g(x) \implies dt = g'(x)dx$$

置換積分

- $f'(x), g'(x)$ が連続であるとき，

$$\int_a^b f(x)g'(x)dx = [f(x)g(x)]_a^b - \int_c^b f'(x)g(x)dx$$

部分積分

▶注 積分区間は，x が a から b まで単調に変化するとき，t は α から β まで**連続的に一対一に変化する**ものとする．$\alpha = g(a)$, $\beta = g(b)$.

証明 いま，$F'(t) = f(t)$ とすると，

$$\int_a^b f(g(x))g'(x)dx = \int_a^b F'(g(x))g'(x)dx = [F(g(x))]_a^b$$

$$= F(g(b)) - F(g(a)) = F(\beta) - F(\alpha) = \int_\alpha^\beta f(t)dt$$

部分積分の方は，次の等式の両辺を，a から b まで積分するだけのこと：

$$(f(x)g(x))' = f'(x)g(x) + f(x)g'(x)$$

◀ルーツは積の微分法

例 $\int_2^3 x(x-2)^{10}dx$ を計算してみよう．

この世に，$(x-2)^{10}$ をコツコツ展開する人がいたら，まさに国宝級．ここは，$x-2=t$ とおくのが定石だな．このとき，$dx=dt$.

$$\int_2^3 x(x-2)^{10}dx = \int_0^1 (t+2)t^{10}dt \qquad \begin{array}{c|c} x & 2 \to 3 \\ \hline t & 0 \to 1 \end{array}$$

$$= \int_0^1 (t^{11} + 2t^{10})dt = \left[\frac{1}{12}t^{12} + \frac{2}{11}t^{11}\right]_0^1 = \frac{35}{132}$$

例題 10.1　　　　　　　　　　　　　　　　　漸化式

（1） n を正の整数とするとき，次の等式が成立することを示せ：

$$\int_0^{\frac{\pi}{2}} \cos^n x \, dx = \int_0^{\frac{\pi}{2}} \sin^n x \, dx = \begin{cases} \dfrac{n-1}{n} \dfrac{n-3}{n-2} \cdots \dfrac{3}{4} \dfrac{1}{2} \dfrac{\pi}{2} & (n:偶数) \\ \dfrac{n-1}{n} \dfrac{n-3}{n-2} \cdots \dfrac{4}{5} \dfrac{2}{3} & (n:奇数) \end{cases}$$

（2） $\displaystyle\int_0^{\frac{\pi}{2}} \cos^2 x \sin^4 x \, dx$ を求めよ．

解　（1） $I_n = \displaystyle\int_0^{\frac{\pi}{2}} \cos^n x \, dx$ とおく．

いま，$x = \dfrac{\pi}{2} - t$ とおけば，$dx = -dt$，

x	0	$\to$	$\pi/2$
t	$\pi/2$	$\to$	0

$$I_n = \int_0^{\frac{\pi}{2}} \cos^n dx = \int_{\frac{\pi}{2}}^0 \cos^n\left(\frac{\pi}{2} - t\right)(-dt)$$

$$= \int_0^{\frac{\pi}{2}} \sin^n t \, dt$$

◀ $\cos\left(\dfrac{\pi}{2} - t\right) = \sin t$

How to
積分の漸化式
⬇
部分積分の活用

したがって，

$$I_n = \int_0^{\frac{\pi}{2}} \cos^n x \, dx = \int_0^{\frac{\pi}{2}} \cos^{n-1} x \cos x \, dx$$

$$= \left[\cos^{n-1} x \sin x\right]_0^{\frac{\pi}{2}} - (n-1)\int_0^{\frac{\pi}{2}} \cos^{n-2} x (-\sin x) \sin x \, dx$$

$$= 0 + (n-1)\int_0^{\frac{\pi}{2}} \cos^{n-2} x (1 - \cos^2 x) \, dx$$

◀ $\sin^2 x = 1 - \cos^2 x$

$$= (n-1)\left(\int_0^{\frac{\pi}{2}} \cos^{n-2} x \, dx - \int_0^{\frac{\pi}{2}} \cos^n x \, dx\right)$$

$$= (n-1)(I_{n-2} - I_n)$$

ゆえに，

$$I_n = (n-1)(I_{n-2} - I_n)$$

したがって，

$$I_n = \frac{n-1}{n} I_{n-2}$$

◀これを漸化式という

（ⅰ） n が偶数のとき：

$$I_n = \frac{n-1}{n} I_{n-2} = \frac{n-1}{n} \frac{n-3}{n-2} I_{n-4} = \cdots = \frac{n-1}{n} \frac{n-3}{n-2} \cdots \frac{3}{4} \frac{1}{2} I_0$$

（ⅱ） n が奇数のとき：

$$I_n = \frac{n-1}{n} I_{n-2} = \frac{n-1}{n} \frac{n-3}{n-2} I_{n-4} = \cdots = \frac{n-1}{n} \frac{n-3}{n-2} \cdots \frac{4}{5} \frac{2}{3} I_1$$

ところで，

$$I_0 = \int_0^{\frac{\pi}{2}} 1 \, dx = \frac{\pi}{2}, \qquad I_1 = \int_0^{\frac{\pi}{2}} \cos x \, dx = [\sin x]_0^{\frac{\pi}{2}} = 1$$

であるから，与えられた等式は成立することが分かる．

(2) $\displaystyle \int_0^{\frac{\pi}{2}} \cos^2 x \sin^6 x \, dx$

$\displaystyle = \int_0^{\frac{\pi}{2}} (1 - \sin^2 x) \sin^6 x \, dx$

$\displaystyle = \int_0^{\frac{\pi}{2}} \sin^6 x \, dx - \int_0^{\frac{\pi}{2}} \sin^8 x \, dx$

$\displaystyle = \frac{5}{6} \frac{3}{4} \frac{1}{2} \frac{\pi}{2} - \frac{7}{8} \frac{5}{6} \frac{3}{4} \frac{1}{2} \frac{\pi}{2}$

$\displaystyle = \frac{5}{256} \pi$

◀（1）の結果が使える形に変形

◀ $\dfrac{5}{6} \dfrac{3}{4} \dfrac{1}{2} \dfrac{\pi}{2} \left(1 - \dfrac{7}{8}\right)$

=== **演習問題 10.1** ===

（1） m, n が正の整数のとき，次の等式が成立することを示せ：

$$\int_a^b (x-a)^m (b-x)^n \, dx = \frac{m! \, n!}{(m+n+1)!} (b-a)^{m+n+1}$$

（2） 曲線 $y = (x-1)^3 (3-x)^2$ と x 軸とで囲まれた部分の面積を求めよ．

例題 10.2 — 定積分の計算

次の定積分の値を求めよ.

(1) $\displaystyle\int_0^{\frac{\pi}{2}} \frac{1}{4+5\cos x}\,dx$

(2) $\displaystyle\int_0^2 (4-x^2)^{\frac{3}{2}}\,dx$

(3) $\displaystyle\int_1^e x\log x\,dx$

(4) $\displaystyle\int_0^{\frac{\pi}{2}} x\sin^5 x \cos x\,dx$

解 (1),(2)は置換積分法,(3),(4)は部分積分法による.

(1) $\tan\dfrac{x}{2}=t$ とおけば,

$$\cos x = \frac{1-t^2}{1+t^2},\quad dx = \frac{2}{1+t^2}dt$$

◀ 三角関数の有理化公式

> **Point**
> $R(\cos x,\sin x)$
> ↓
> $\tan\dfrac{x}{2}=t$ とおけ

となるから,

$$\int_0^{\frac{\pi}{2}} \frac{1}{4+5\cos x}dx = \int_0^2 \frac{1}{4+5\left(\frac{1-t^2}{1+t^2}\right)}\cdot\frac{2}{1+t^2}dt$$

x	$0 \to \pi/2$
t	$0 \to 1$

$$= -2\int_0^1 \frac{1}{t^2-9}dt$$

◀ $\displaystyle\int\frac{1}{t^2-a^2}dt=\frac{1}{2a}\log\left|\frac{t-a}{t+a}\right|$

$$= -2\cdot\frac{1}{2\cdot 3}\left[\log\left|\frac{t-3}{t+3}\right|\right]_0^1 = \frac{1}{3}\log 2$$

(2) $x=2\sin t\ \left(-\dfrac{\pi}{2}\le t\le\dfrac{\pi}{2}\right)$ 忘れるな！

とおけば,

$$dx = 2\cos t\,dt,$$

x	$0 \to 2$
t	$0 \to \pi/2$

> **Point**
> $R(x,\sqrt{a^2-x^2})$
> ↓
> $x=a\sin t\ \left(-\dfrac{\pi}{2}\le t\le\dfrac{\pi}{2}\right)$ とおけ

となるから,

$$\int_0^2 (4-x^2)^{\frac{3}{2}}dx = \int_0^{\frac{\pi}{2}} (4-4\sin^2 t)^{\frac{3}{2}}\cdot 2\cos t\,dt$$

$$= \int_0^{\frac{\pi}{2}} 8\cos^3 t\cdot 2\cos t\,dt = 16\int_0^{\frac{\pi}{2}} \cos^4 t\,dt$$

$$= 16\cdot\frac{3}{4}\cdot\frac{1}{2}\cdot\frac{\pi}{2} = 3\pi$$

◀ 例題10.1の公式

(3) $\displaystyle\int_1^e x\log x\,dx = \int_1^e \left(\frac{x^2}{2}\right)'\log x\,dx$

$\displaystyle = \left[\frac{x^2}{2}\log x\right]_1^e - \int_1^e \frac{x^2}{2}(\log x)'dx = \frac{e^2}{2} - \int_1^e \frac{x^2}{2}\cdot\frac{1}{x}dx$

$\displaystyle = \frac{e^2}{2} - \int_1^e \frac{x}{2}dx = \frac{e^2}{2} - \left[\frac{x^2}{4}\right]_1^e = \frac{e^2+1}{4}$

(4) $\displaystyle\int_0^{\frac{\pi}{2}} x\sin^5 x\cos x\,dx = \int_0^{\frac{\pi}{2}} x\left(\frac{1}{6}\sin^6 x\right)'dx$

◀この変形が ポイント

$\displaystyle = \left[x\cdot\frac{1}{6}\sin^6 x\right]_0^{\frac{\pi}{2}} - \int_0^{\frac{\pi}{2}}(x)'\cdot\frac{1}{6}\sin^6 x\,dx$

$\displaystyle = \frac{\pi}{12} - \frac{1}{6}\int_0^{\frac{\pi}{2}}\sin^6 x\,dx = \frac{\pi}{12} - \frac{1}{6}\cdot\frac{5}{6}\cdot\frac{3}{4}\cdot\frac{1}{2}\cdot\frac{\pi}{2} = \frac{11}{192}\pi$

▶注　置換積分には，次の二つのタイプがある：
　　（1）のように，$t=g(x)$ とおくタイプ
　　（2）のように，$x=g(t)$ とおくタイプ

演習問題 10.2

次の定積分の値を求めよ．

(1) $\displaystyle\int_0^{\frac{\pi}{2}} \frac{1}{2-\cos x}dx$

(2) $\displaystyle\int_0^2 \frac{1}{(x^2+4)^{\frac{3}{2}}}dx$

(3) $\displaystyle\int_1^e (\log x)^2 dx$

(4) $\displaystyle\int_0^{\frac{\pi}{2}} x\cos^3 x\sin x\,dx$

$(\sin x)^2$ を $\sin^2 x$ と書くのに，なぜか $(\log x)^2$ を $\log^2 x$ とは書かないのね

§11 広義積分・積分の応用

広義積分はふつうの積分の極限

広義積分

いままでは，有限閉区間 $a \leq x \leq b$ で有界な関数の積分を扱った．

ここでは，**不連続関数**の積分・**無限区間**の積分を考えてみたい．これらは**ふつうの積分の極限**と考えるのが自然だろう．代表的なケースを記せば，

■**特異積分** 区間 $a < x \leq b$ 内の任意閉区間で $f(x)$ が連続であるとき，（点 a を $f(x)$ の**特異点**という）
$$\int_a^b f(x)\,dx = \lim_{\alpha \to a+0} \int_\alpha^b f(x)\,dx$$
と定義する．

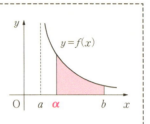

■**無限積分** 区間 $a \leq x < +\infty$ 内の任意の有限閉区間で $f(x)$ が連続であるとき，
$$\int_a^{+\infty} f(x)\,dx = \lim_{\beta \to \infty} \int_a^\beta f(x)\,dx$$
と定義する．

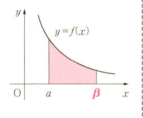

広義積分

この定義で，右辺 lim が存在するとき，左辺の広義積分は，**収束する**といい，その否定は，**発散する**だ．ちなみに，**広義積分**というのは，特異積分・無限積分の総称である．

例　（1）　$\int_0^1 \dfrac{1}{\sqrt{x}}\,dx = \lim_{\alpha \to +0} \int_\alpha^1 \dfrac{1}{\sqrt{x}}\,dx$
$= \lim_{\alpha \to +0} [2\sqrt{x}]_\alpha^1 = \lim_{\alpha \to +0} (2 - 2\sqrt{\alpha}) = 2$

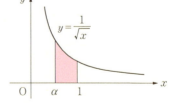

（2）$\displaystyle\int_0^1 \frac{1}{x}dx = \lim_{\alpha\to+0}\int_\alpha^1 \frac{1}{x}dx$
$= \lim_{\alpha\to+0}[\log x]_\alpha^1 = \lim_{\alpha\to+0}\log\alpha = +\infty$

したがって，この広義積分は**発散**する．

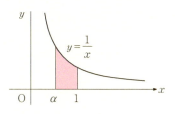

（3）$\displaystyle\int_1^{+\infty} e^{-x}dx = \lim_{\beta\to+\infty}\int_1^\beta e^{-x}dx$
$= \lim_{\beta\to+\infty}[-e^{-x}]_1^\beta = \lim_{\beta\to+\infty}\left(-\frac{1}{e^\beta}+\frac{1}{e}\right)$
$= \dfrac{1}{e}$

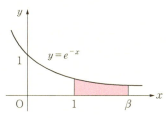

（4）$\displaystyle\int_0^2 (x-1)^{-\frac{2}{3}}dx = \int_0^1 (x-1)^{-\frac{2}{3}}dx + \int_1^2 (x-1)^{-\frac{2}{3}}dx$
$= \displaystyle\lim_{\beta\to 1-0}\int_0^\beta (x-1)^{-\frac{2}{3}}dx + \lim_{\alpha\to 1+0}\int_\alpha^2 (x-1)^{-\frac{2}{3}}dx$
$= \displaystyle\lim_{\beta\to 1-0} 3((\beta-1)^{\frac{1}{3}}+1) + \lim_{\alpha\to 1+0} 3(1-(\alpha-1)^{\frac{1}{3}})$
$= 3+3 = 6$

▶注　（4）の場合，原始関数 $3(x-1)^{\frac{1}{3}}$ は，区間 $0\leqq x\leqq 2$ で**連続**だから，次のように計算することができる：

$$\int_0^2 (x-1)^{-\frac{2}{3}}dx = [3(x-1)^{\frac{1}{3}}]_0^2 = 3(2-1)^{\frac{1}{3}} - 3(0-1)^{\frac{1}{3}} = 6$$

この事実は，次のように一般化される：

> $F(x)$ は，区間 $a\leqq x\leqq b$ で連続で，有限個以外の点で，$F'(x)=f(x)$ であれば，**広義積分でも**，
> $$\int_a^b f(x)dx = F(b)-F(a)$$

微積分学の基本定理

それでは，次に，特異積分・無限積分の大切な例を見ておこう．

例 (1) $\int_0^1 \dfrac{1}{x^s} dx = \lim_{\alpha \to +0} \int_\alpha^1 x^{-s} dx = \lim_{\alpha \to +0} \dfrac{1-\alpha^{1-s}}{1-s}$

(ⅰ) $s>1$ のとき： $1-s<0$ だから，$\alpha^{1-s} \to +\infty$ $(\alpha \to +0)$

(ⅱ) $s<1$ のとき： $1-s>0$ だから，$\alpha^{1-s} \to 0$ $(\alpha \to +0)$

(ⅲ) $s=1$ のとき： $\int_\alpha^1 \dfrac{1}{x} dx = -\log \alpha \to +\infty$ $(\alpha \to +0)$

例 $\int_1^{+\infty} \dfrac{1}{x^s} dx = \lim_{\beta \to +\infty} \int_1^\beta x^{-s} dx$

(ⅰ) $s \neq 1$ のとき：

$$\int_1^\beta x^{-s} dx = \dfrac{\beta^{1-s}-1}{1-s} \to \begin{cases} \dfrac{1}{s-1} & (s>1 \text{ のとき}) \\ +\infty & (s<1 \text{ のとき}) \end{cases} \quad (\beta \to +\infty)$$

(ⅱ) $s=1$ のとき： $\int_1^\beta x^{-1} dx = \log \beta \to +\infty$ $(\beta \to +\infty)$

以上の例と同様に，次の大切な結果が得られる．ただし，$0<a<b$.

	$0<s<1$	$s=1$	$s>1$
$\int_a^b \dfrac{1}{(x-\alpha)^s} dx$	$\dfrac{(b-a)^{1-s}}{1-s}$	発散	発散
$\int_a^{+\infty} \dfrac{1}{x^s} dx$	発散	発散	$\dfrac{1}{(s-1)\alpha^{s-1}}$

広義積分の収束・発散判定定理

広義積分について，次の基本的な判定定理が知られている：

> 区間 $a \leq x < b$ で，$f(x)$, $g(x)$ は $0 \leq f(x) \leq g(x)$ を満たし，ときに**連続**ならば，次が成立する：
>
> (1) $\int_a^b g(x) dx$：収束 $\Rightarrow$ $\int_a^b f(x) dx$：収束
>
> (2) $\int_a^b f(x) dx$：発散 $\Rightarrow$ $\int_a^b g(x) dx$：発散

優関数定理

▶注　このとき，$g(x)$ を $f(x)$ の **優級数** ということがある．

例　（1）　$x>0$ のとき，

$$e^x = 1 + x + \frac{x^2}{2!} + \cdots > \frac{x^2}{2} \qquad \therefore \quad \sqrt{x}\,e^{-x} < \sqrt{x}\,\frac{2}{x^2} = \frac{2}{x^{\frac{3}{2}}}$$

$2\int_1^{+\infty} \dfrac{1}{x^{\frac{3}{2}}} dx$ は収束するから，$\int_1^{+\infty} \sqrt{x}\,e^{-x}\,dx$ も **収束** する．

（2）　$x \geqq 1$ のとき，$x^2 + 1 \leqq 2x^2$, $\dfrac{1}{\sqrt{2}}\dfrac{1}{x} \leqq \dfrac{1}{\sqrt{x^2+1}}$

$\int_1^{+\infty} \dfrac{1}{\sqrt{2}}\dfrac{1}{x}\,dx$ は発散するから，$\int_1^{+\infty} \dfrac{1}{\sqrt{x^2+1}}\,dx$ も **発散** する．

定積分の応用　　　　　　　　　　　　　　　◀代表的なものを記す

●平面積

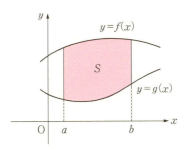

$$S = \int_a^b (f(x) - g(x))\,dx$$

●平面曲線の長さ

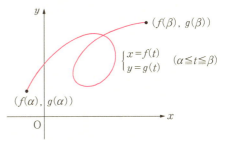

$$l = \int_\alpha^\beta \sqrt{\left(\frac{dx}{dt}\right)^2 + \left(\frac{dy}{dt}\right)^2}\,dt$$

●立体の体積

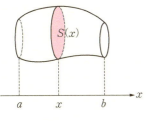

$$V = \int_a^b S(x)\,dx$$

●回転体の表面積

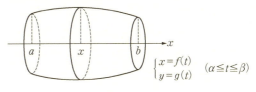

$$S = 2\pi \int_\alpha^\beta y \sqrt{\left(\frac{dx}{dt}\right)^2 + \left(\frac{dy}{dt}\right)^2}\,dt$$

例題 11.1　　　　　　　　　　　　　　　　　　　　広義積分

（1）次の広義積分の値を求めよ．

(ⅰ) $\displaystyle\int_0^1 \frac{1}{\sqrt{1-x}}dx$　　　(ⅱ) $\displaystyle\int_0^1 \log x\, dx$

(ⅲ) $\displaystyle\int_0^2 \frac{1}{(x-1)^2}dx$　　　(ⅳ) $\displaystyle\int_1^{+\infty} \frac{1}{x(x+1)}dx$

（2）次の広義積分の収束・発散を判定せよ．

(ⅰ) $\displaystyle\int_0^{\frac{\pi}{2}} \frac{1}{\sqrt{\sin x}}dx$　　　(ⅱ) $\displaystyle\int_0^1 \frac{1}{x(x-1)^2\sqrt{x}}dx$

特異積分は特異点を避けて積分しよう．無限積分は有限区間で積分しよう

そしてその極限値をとるのね

解　（1）（ⅰ）微積分学の基本定理(p.103)を用いることもできるが，ここでは，定義に従って解くことにする．

$$\int_0^1 \frac{1}{\sqrt{1-x}}dx = \lim_{\beta \to 1-0}\int_0^{\beta} \frac{1}{\sqrt{1-x}}dx = \lim_{\beta \to 1-0}\left[-2\sqrt{1-x}\right]_0^{\beta}$$
$$= \lim_{\beta \to 1-0}\{-2(\sqrt{1-\beta}-1)\} = 2$$

(ⅱ) $\displaystyle\int_0^1 \log x\, dx = \lim_{\alpha \to +0}\int_\alpha^1 \log x\, dx = \lim_{\alpha \to +0}\left[(x\log x)-x\right]_\alpha^1$

$\qquad = \displaystyle\lim_{\alpha \to +0}\{(-\alpha\log\alpha)-1+\alpha\} = \lim_{\alpha \to +0}\left\{-\frac{\log\alpha}{1/\alpha}-1\right\}$　　◀ $\displaystyle\lim_{\alpha \to +0}\alpha\log\alpha = 0$ は自明ではない

$\qquad = \displaystyle\lim_{\alpha \to +0}\left\{-\frac{1/\alpha}{-1/\alpha^2}-1\right\} = \lim_{\alpha \to +0}\{\alpha-1\} = -1$　　◀ ロピタルの定理

(iii) $\displaystyle\int_0^2 \frac{1}{(x-1)^2}dx = \int_0^1 \frac{1}{(x-1)^2}dx + \int_1^2 \frac{1}{(x-1)^2}dx$ ◂積分区間を，$x<1$ と $x>1$ とに分割する．

$\displaystyle = \lim_{\beta\to 1-0}\left[\frac{-1}{x-1}\right]_0^\beta + \lim_{\alpha\to 1+0}\left[\frac{-1}{x-1}\right]_\alpha^2$

$\displaystyle = \lim_{\beta\to 1-0}\left(1-\frac{1}{\beta-1}\right) + \lim_{\alpha\to 1+0}\left(1-\frac{1}{\alpha-1}\right)$ 広義積分は**発散**する．

(iv) $\displaystyle\int_1^{+\infty}\frac{1}{x(x+1)}dx = \lim_{\beta\to+\infty}\int_1^\beta\left(\frac{1}{x}-\frac{1}{x+1}\right)dx = \lim_{\beta\to+\infty}\left[\log\left|\frac{x}{x+1}\right|\right]_1^\beta$

$\displaystyle = \lim_{\beta\to+\infty}\left(\log\frac{\beta}{\beta+1}-\log\frac{1}{2}\right) = \log 2$

(2) (i) $0 < x < \dfrac{\pi}{2}$ のとき：

$\dfrac{2}{\pi}x \leqq \sin x$ より，$\dfrac{1}{\sqrt{\sin x}} \leqq \sqrt{\dfrac{\pi}{2}}\dfrac{1}{\sqrt{x}}$

$\displaystyle\int_0^{\frac{\pi}{2}}\sqrt{\dfrac{\pi}{2}}\dfrac{1}{\sqrt{x}}dx$ は収束するから，$\displaystyle\int_0^{\frac{\pi}{2}}\dfrac{1}{\sqrt{\sin x}}dx$ も**収束する**．

(ii) $0<x<1$ のとき：$\dfrac{1}{x} < \dfrac{1}{x(x-1)^2\sqrt{x}}$ は，明らか．

$\displaystyle\int_0^1 \dfrac{1}{x}dx$ は発散するから，$\displaystyle\int_0^1 \dfrac{1}{x(x-1)^2\sqrt{x}}dx$ も**発散する**．

演習問題 11.1

(1) 次の広義積分の値を求めよ．

(i) $\displaystyle\int_0^1 \frac{1}{\sqrt{1-x^2}}dx$ 　　　(ii) $\displaystyle\int_0^1 x\log x\, dx$

(iii) $\displaystyle\int_1^2 \frac{1}{x-1}dx$ 　　　(iv) $\displaystyle\int_1^{+\infty}\frac{1}{x(x^2+1)}dx$

(2) 次の広義積分の収束・発散を判定せよ．

(i) $\displaystyle\int_0^{\frac{\pi}{2}}\frac{1}{\sqrt{\tan x}}dx$ 　　　(ii) $\displaystyle\int_1^{+\infty}\frac{x}{\sqrt[3]{x^5+1}}dx$

例題 11.2　　　面積・弧長・体積・表面積

アステロイド
$$\begin{cases} x = \cos^3 t \\ y = \sin^3 t \end{cases} \quad (0 \leq t \leq 2\pi)$$
について，

（1）この曲線の囲む面積 S_1 と曲線の全長 l を求めよ．

（2）この曲線を x 軸のまわりに回転して得られる立体の体積 V と，全表面積 S_2 を求めよ．

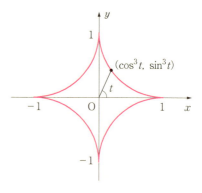

解　（1）図形の対称性から，　　　◀ 第 1 象限の部分を 4 倍する

$$S_1 = 4\int_0^1 y\,dx = 4\int_{\frac{\pi}{2}}^0 y \frac{dx}{dt} dt \qquad \begin{array}{c|c} x & 0 \to 1 \\ \hline t & \pi/2 \to 0 \end{array}$$

$$= 4\int_{\frac{\pi}{2}}^0 \sin^3 t (-3\cos^2 t \sin t)\,dt$$

$$= 12\int_0^{\frac{\pi}{2}} \sin^4 t \cos^2 t\,dt = 12\int_0^{\frac{\pi}{2}} \sin^4 t (1 - \sin^2 t)\,dt$$

$$= 12\left(\int_0^{\frac{\pi}{2}} \sin^4 t\,dt - \int_0^{\frac{\pi}{2}} \sin^6 t\,dt\right) \qquad \text{◀ 例題 10.1 の公式が使える形に変形}$$

$$= 12\left(\frac{3}{4}\frac{1}{2}\frac{\pi}{2} - \frac{5}{6}\frac{3}{4}\frac{1}{2}\frac{\pi}{2}\right) = \frac{3}{8}\pi$$

次は，曲線の全長であるが，まず次の式を準備する：

$$\left(\frac{dx}{dt}\right)^2 + \left(\frac{dy}{dt}\right)^2 = (-3\cos^2 t \sin t)^2 + (3\sin^2 t \cos t)^2$$

$$= (3\sin t \cos t)^2$$

ゆえに，

$$l = 4\int_0^{\frac{\pi}{2}} \sqrt{\left(\frac{dx}{dt}\right)^2 + \left(\frac{dy}{dt}\right)^2}\,dt \qquad \text{◀ } 0 \leq x \leq \pi/2 \text{ では } \sin t \cos t \geq 0$$

$$= 4\int_0^{\frac{\pi}{2}} 3\sin t \cos t\,dt = 12\left[\frac{1}{2}\sin^2 t\right] = 6$$

（2） これを，図形の対称性から， ◂ $x \geqq 0$ の部分を 2 倍する

$$V = 2\cdot\pi\int_0^1 y^2 dx = 2\pi\int_{\frac{\pi}{2}}^0 y^2 \frac{dx}{dt} dt$$

$$= 2\pi\int_{\frac{\pi}{2}}^0 \sin^6 t(-\cos^2 t \sin t) dt$$

$$= 6\pi\int_0^{\frac{\pi}{2}} \sin^7 t \cos^2 t\, dt = 6\pi\int_0^{\frac{\pi}{2}} \sin^7 t(1-\sin^2 t)\, dt$$

$$= 6\pi\left(\int_0^{\frac{\pi}{2}} \sin^7 t\, dt - \int_0^{\frac{\pi}{2}} \sin^9 t\, dt\right)$$

$$= 6\pi\left(\frac{6}{7}\frac{4}{5}\frac{2}{3} - \frac{8}{9}\frac{6}{7}\frac{4}{5}\frac{2}{3}\right) = \frac{32}{105}\pi$$

また，回転体の表面積 S_2 は，

$$S_2 = 2\cdot 2\pi\int_0^{\frac{\pi}{2}} y\sqrt{\left(\frac{dx}{dt}\right)^2 + \left(\frac{dy}{dt}\right)^2}\, dt$$

◂ $\sqrt{}$ の中味は計算済み

$$= 4\pi\int_0^{\frac{\pi}{2}} \sin^3 t \cdot 3\sin t \cos t\, dt$$

$$= 12\pi\int_0^{\frac{\pi}{2}} \sin^4 t \cos t\, dt = 12\left[\frac{1}{5}\sin^5 t\right]_0^{\frac{\pi}{2}} = \frac{12}{5}\pi$$

演習問題 11.2

（1） サイクロイドの一弧

$$\begin{cases} x = t - \sin t \\ y = 1 - \cos t \end{cases} \quad (0 \leqq t \leqq 2\pi)$$

と x 軸とで囲まれた部分の面積 S_1 と一弧の全長 l を求めよ．

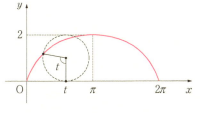

（2） 空間において，A(1, 0, 0), B(1, 1, 1), C(−1, −1, 1), D(−1, 0, 0) とするとき，ねじれ四辺形 ABCD を x 軸のまわりに回転して得られる立体の体積 V と全表面積 S_2 を求めよ．

第4章 偏微分 と 重積分

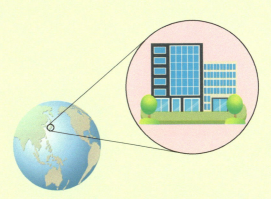

丸い地球も住むときゃ平ら

　一点の近くで，曲線を接線で近似しよう，曲面を接平面で代用しよう —— これが微積分の基本理念なのだ．
　一般の関数を，一点の近くで，正比例関数 $y=ax$ で近似する．丸い地球も住むときゃ平らってことかな．

　D 市の地点 (x, y) 付近の人口密度が $f(x, y)$ のとき，2重積分 $\iint_D f(x, y)\,dxdy$ は，D 市の全人口を表わします．

§12 偏導関数

全微分可能性こそ本当の微分可能性

胸わくわくだね.

領 域

さあ，いよいよ，高校で習わなかった"偏微分"に入るよ．

2変数関数 $z=f(x,y)$ の定義域は，ふつう，座標平面 $\boldsymbol{R}^2$ の境界を含まない，一つにつながった"領域"とよばれる集合なんだ．

これを，キチンと述べることにしよう．

1点 P を中心とし，半径 r の円の内部を，点 P の **r近傍**または単に**近傍**とよび，$U(\mathrm{P};r)$ または，$U(\mathrm{P})$ と記す：

$$U(\mathrm{P};r) = \{ \mathrm{Q} \mid \mathrm{PQ} < r \}$$

いま，座標平面 $\boldsymbol{R}^2$ の部分集合 D の**どんな**点 P も，**適当な** r をとれば，

$$U(\mathrm{P};r) \subseteq D$$

となるとき，D を**開集合**という．とくに，全平面や空集合も開集合とみなすことする．

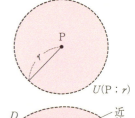

開集合の2点 P, Q が，つねに折れ線で結べるとき，D を**領域**というのだ．

関数 $z=f(x,y)$ の定義域は，主として，領域である．

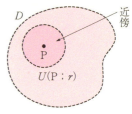

極 限

いま，点 (x, y) と点 (a, b) の距離が限りなく0に近づく，すなわち，$\sqrt{(x-a)^2+(y-b)^2} \to 0$ のとき，点 (x, y) は点 (a, b) に限りなく近づくということにしよう．

そこで，点 (x, y) が，どんな近づき方で点 (a, b) に近づいても，関数

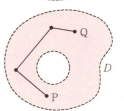

$z = f(x, y)$ が，一定値 A に近づくとき，

$$\lim_{(x, y) \to (a, b)} f(x, y) = A \quad \text{または} \quad f(x, y) \to A\,((x, y) \to (a, b))$$

などと記し，A を $(x, y) \to (a, b)$ のときの関数 $f(x, y)$ の **極限値** という．

例 （1） $\displaystyle\lim_{(x, y) \to (0, 0)} \frac{x^2 y^2}{x^2 + y^2}$ を求めよう．

$$0 \leq \frac{x^2 y^2}{x^2 + y^2} \leq \frac{x^2 y^2}{y^2} = x^2 \to 0 \quad \therefore \quad \lim_{(x, y) \to (0, 0)} \frac{x^2 y^2}{x^2 + y^2} = 0$$

（2） $\displaystyle\lim_{(x, y) \to (0, 0)} \frac{y}{x}$ を求めよう．

(x, y) が直線 $y = 2x$ に沿って $(0, 0)$ に近づけば，$y/x \to 2$

(x, y) が直線 $y = 3x$ に沿って $(0, 0)$ に近づけば，$y/x \to 3$

したがって，$\displaystyle\lim_{(x, y) \to (0, 0)} \frac{y}{x}$ は，**存在しない**．

例 $f(x, y) = \begin{cases} \dfrac{x^2 - y^2}{x^2 + y^2} & (x, y) \neq (0, 0) \\ 0 & (x, y) = (0, 0) \end{cases}$

のとき，

$$\lim_{x \to 0} \lim_{y \to 0} f(x, y) = \lim_{x \to 0} \left(\lim_{y \to 0} \frac{x^2 - y^2}{x^2 + y^2} \right) = \lim_{x \to 0} \frac{x^2}{x^2} = 1$$

$$\lim_{y \to 0} \lim_{x \to 0} f(x, y) = \lim_{y \to 0} \left(\lim_{x \to 0} \frac{x^2 - y^2}{x^2 + y^2} \right) = \lim_{y \to 0} \frac{-y^2}{y^2} = -1$$

いま，(x, y) が直線 $y = mx$ に沿って $(0, 0)$ に近づけば，

$$\lim_{(x, y) \to (0, 0)} f(x, y) = \lim_{(x, y) \to (0, 0)} \frac{x^2 - y^2}{x^2 + y^2} = \lim_{(x, y) \to (0, 0)} \frac{x^2 - m^2 x^2}{x^2 + m^2 x^2}$$

$$= \frac{1 - m^2}{1 + m^2}$$

のように，m の値によって異なるので，$\displaystyle\lim_{(x, y) \to (0, 0)} f(x, y)$ は**存在しない**．

これらの例から，次の事実が明らかになった．

> 一般に，$\lim_{x \to a} \lim_{y \to b} f(x, y)$，$\lim_{y \to b} \lim_{x \to a} f(x, y)$，$\lim_{(x, y) \to (a, b)} f(x, y)$ の三者は，**すべて別物**で，一つが存在しても，他が存在するとはかぎらない．存在しても必ずしも一致しない．

連続

関数 $f(x, y)$ と，点 (a, b) に対して，

$$f(x, y) \text{ は点 } (a, b) \text{ で } \textbf{連続} \iff \lim_{(x, y) \to (a, b)} f(x, y) = f(a, b)$$

と定義し，さらに，$f(x, y)$ が領域 D の各点で連続であるとき，$f(x, y)$ は，領域 D で連続であるという．形式は，1 変数の場合と同様だね．

1 変数の場合と同様に，次が成立する：
- 連続関数の和・差・積・商は，連続．
- 二つの連続関数の合成関数は，連続．

偏微分係数・偏導関数

$f(x, y)$ が，点 (a, b) の近傍で定義されているとき，$f(x, b)$ は，**1 変数 x だけの関数**だね．この関数 $f(x, b)$ が，点 a で微分可能，すなわち，

$$\lim_{h \to 0} \frac{f(a + h, b) - f(a, b)}{h}$$

が存在するとき，関数 $z = f(x, y)$ は，点 (a, b) で，x に関して，**偏微分可能**であるという．このとき，この極限値を，

$$f_x(a, b), \quad \frac{\partial f}{\partial x}(a, b), \quad z_x(a, b) \qquad \blacktriangleleft \frac{\partial f}{\partial x} \text{ はディー}f, \text{ ディー}x \text{ とよむ}$$

などと記し，関数 $f(x, y)$ の点 (a, b) における x に関する**偏微分係数**という．

また，関数 $f_x : (a, b) \longmapsto f_x(a, b)$ を，$f(x, y)$ の x に関する**偏導関数**とよび，$f_x(x, y)$，$\frac{\partial f}{\partial x}$，$z_x$ などと記す．

"y に関する"偏微分係数・偏導関数も同様に定義される．いいね．

例 $z = (x, y) = x^3 - 3xy^2 + y^4$

のとき，

$$z_x = f_x(x, y) = 3x^2 - 3y^2$$ ◀ y を定数と思って x で微分する

$$z_y = f_y(x, y) = -6xy + 4y^3$$ ◀ x を定数と思って y で微分する

例 $z = f(x, y) = x^y$ （$x > 0$）のとき，

のとき，

$$z_x = f_x(x, y) = yx^{y-1}$$

$$z_y = f_y(x, y) = x^y \log x$$ ◀ $(a^x)' = a^x \log a$

それでは，次の例を見ていただきたい：

例 $f(x, y) = \begin{cases} \dfrac{xy}{x^2 + y^2} & (x, y) \neq (0, 0) \\ 0 & (x, y) = (0, 0) \end{cases}$

のとき，

$$f_x(0, 0) = \lim_{h \to 0} \frac{f(h, 0) - f(0, 0)}{h} = 0$$

$$f_y(0, 0) = \lim_{k \to 0} \frac{f(0, k) - f(0, 0)}{k} = 0$$

のように，$f(x, y)$ は，点 $(0, 0)$ で，x に関しても，y に関しても偏微分可能である．しかし，$y = mx$ に沿って $(x, y) \to (0, 0)$ のとき，

$$f(x, y) \to \frac{m}{1 + m^2} \quad (m：任意)$$

だから，$\lim_{(x, y) \to (0, 0)} f(x, y)$ は**存在しない**．関数 $f(x, y)$ は，点 $(0, 0)$ で**連続ではない**．この例に見るように，一般に，関数 $f(x, y)$ の

偏微分可能性は連続性すら保障しない！

のだ．

それで，"全微分可能" という概念が要求されることになる．

全微分可能性

1 変数関数の微分可能性を，そのまま，2 変数の場合に拡張すれば，次のようになろう：

第 4 章 偏微分と重積分

> $z=f(x, y)$ が点 (a, b) で偏微分可能であって，
> $$f(a+h, b+k) - f(a, b) = \alpha h + \beta k + r(h, k)$$
> $$\lim_{(h, k) \to (0, 0)} \frac{r(h, k)}{\sqrt{h^2 + k^2}} = 0$$
> なる定数 α, β と，点 $(0, 0)$ の近くで定義された関数 $r(h, k)$ が存在するとき，関数 $f(x, y)$ は点 (a, b) で，**全微分可能**であるという．

全微分可能性

上の式をよく見よう．

$k=0$ とおけば，$\alpha = f_x(a, b)$ が得られ，

$h=0$ とおけば，$\beta = f_y(a, b)$ が得られる．

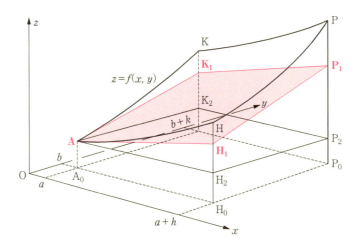

図を見ていただきたい．$A_0P_0 = \sqrt{h^2+k^2}$, $PP_2 = f(a+h, b+k) - f(a, b)$ である．さらに，$H_1H_2 = \alpha h$, $K_1K_2 = \beta k$ であり，$P_1P_2 = H_1H_2 + K_1K_2 = \alpha h + \beta k$ と表わせる．よって，$r(h, k) = PP_1$ となる．したがって，

$$\lim_{(h, k) \to (0, 0)} \frac{r(h, k)}{\sqrt{h^2+k^2}} = \lim_{P_0 \to A_0} \frac{PP_1}{A_0P_0} = 0$$

というのは，

$P_0 \to A_0$ のとき，PP_1 は A_0P_0 より**速く 0 に近づく**

ことを意味する．偏微分は，x, y の一方を固定し，他方を動かす微分法であったが，全微分は，x, y の両方を動かす微分法で，本当の意味での微分法なのだ．だから，単に「微分可能」が適切だ．「全微分可能」は，歴史的表現だが，この本では，便宜上 "全微分" を使うことにする．

$f(x, y)$ が点 (a, b) で全微分可能であるとき，x, y の変化高 h, k に関数値の変化高を対応させる h, k の定数項のない 1 次関数
$$(h, k) \longmapsto f_x(a, b)h + f_y(a, b)k$$
を，$f(x, y)$ の点 (a, b) における**全微分**といい，$(df)_{(a, b)}$ と記す．

このとき，さらに，
$$z = f_x(a, b)(x-a) + f_y(a, b)(y-b) + f(a, b)$$
を，点 $(a, b, f(a, b))$ における曲面 $z = f(x, y)$ の**接平面**という．

関数 $f(x, y)$ について，
$$\text{全微分可能} \implies \text{偏微分可能}$$
であるが，この**逆は成立しない**のであった．

そこで，この逆が成立する**十分条件**を与えよう．

点 (a, b) の近傍で，偏導関数 f_x, f_y がともに存在し，点 (a, b) で，これらが**連続**ならば，この点 (a, b) で関数 $f(x, y)$ は全微分可能である．

全微分可能性の十分条件

証明 平均値の定理により，
$$f(a+h, b+k) - f(a, b)$$
$$= f(a+h, b+k) - f(a, b+k) + f(a, b+k) - f(a, b)$$
$$= f_x(a+\theta_1 h, b+k)h + f_y(a, b+\theta_2 k)k$$
なる θ_1, θ_2 ($0 < \theta_1 < 1$, $0 < \theta_2 < 1$) が存在する．いま，
$$r_1(h, k) = f_x(a+\theta_1 h, b+k) - f_x(a, b)$$
$$r_2(h, k) = f_y(a, b+\theta_2 k) - f_y(a, b)$$
$$r(h, k) = \frac{hr_1(h, k) + kr_2(h, k)}{\sqrt{h^2 + k^2}}$$

とおけば，
$$f(a+h, b+k) - f(a, b) = f_x(a, b)h + f_y(a, b)k + \sqrt{h^2+k^2}\, r(h, k)$$
とかけて，次に示すように，$(h, k) \to (0, 0)$ のとき，$r(h, k) \to 0$ となるから，関数 $f(x, y)$ は点 (a, b) で**全微分可能**である：
$$0 \leq |r(h, k)| \leq \frac{|h|}{\sqrt{h^2+k^2}}|r_1(h, k)| + \frac{|k|}{\sqrt{h^2+k^2}}|r_2(h, k)|$$
$$\leq |r_1(h, k)| + |r_2(h, k)| \to 0$$

▶注　次の性質は，自明に近い：

　　$f(x, y)$ は点 (a, b) で全微分可能 $\Rightarrow$ $f(x, y)$ は点 (a, b) で連続

合成関数の微分法

$z = f(x, y)$ が x, y の関数で，x, y がそれぞれ，t の関数ならば，z は t の関数になるね．

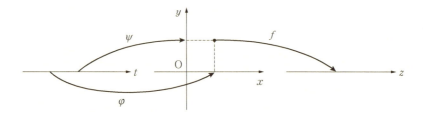

　　$z = f(x, y)$ が全微分可能で，$x = \varphi(t)$，$y = \psi(t)$ が微分可能ならば，合成関数 $z = f(\varphi(t), \psi(t))$ は，t について微分可能で，
$$\frac{dz}{dt} = \frac{\partial z}{\partial x}\frac{dx}{dt} + \frac{\partial z}{\partial y}\frac{dy}{dt}$$

合成関数の微分法

証明　変数 x, y の変化高 h, k に対応する $z = f(x, y)$ の変化高 Δz の主要部は，
$$\Delta z \fallingdotseq \frac{\partial z}{\partial x}h + \frac{\partial z}{\partial y}k$$
変数 t の変化高 Δt に対応する x, y の変化高 h, k の主要部は，

$$h = \frac{dx}{dt}\Delta t, \quad k = \frac{dy}{dt}\Delta t$$

これらを，上の式へ代入すれば，z の変化高 Δz の主要部は，

$$\Delta z = \frac{\partial z}{\partial x}\frac{dx}{dt}\Delta t + \frac{\partial z}{\partial y}\frac{dy}{dt}\Delta t = \left(\frac{\partial z}{\partial x}\frac{dx}{dt} + \frac{\partial z}{\partial y}\frac{dy}{dt}\right)\Delta t$$

$$\therefore \quad \frac{dz}{dt} = \frac{\partial z}{\partial x}\frac{dx}{dt} + \frac{\partial z}{\partial y}\frac{dy}{dt}$$

合成関数の偏微分法

$z = f(x, y)$ が全微分可能で，$x = \varphi(u, v)$, $y = \psi(u, v)$ が偏微分可能ならば，$z = f(\varphi(u, v), \psi(u, v))$ は，u, v の関数として偏微分可能で，

$$\frac{\partial z}{\partial u} = \frac{\partial z}{\partial x}\frac{\partial x}{\partial u} + \frac{\partial z}{\partial y}\frac{\partial y}{\partial u}, \quad \frac{\partial z}{\partial v} = \frac{\partial z}{\partial x}\frac{\partial x}{\partial v} + \frac{\partial z}{\partial y}\frac{\partial y}{\partial v}$$

証明 z を u で偏微分することは，v を定数と思って u で微分することだから，上の "合成関数の微分法" で，t を u と考えればよい.

例 $z = \cos(\log t)\sin(e^t)$ のとき，$\dfrac{\partial z}{\partial t}$ を求めよう．

$x = \log t, \ y = e^t$ とおくと，$z = \cos x \sin y$

$$\frac{dz}{dt} = \frac{\partial z}{\partial x}\frac{dx}{dt} + \frac{\partial z}{\partial y}\frac{dy}{dt} = -\sin x \sin y \cdot \frac{1}{t} + \cos x \cos y \cdot e^t$$

$$= -\frac{1}{t}\sin(\log t)\sin(e^t) + e^t \cos(\log t)\cos(e^t)$$

例 $z = \log uv(u^2 + v^2)$ のとき，$\dfrac{\partial z}{\partial u}, \dfrac{\partial z}{\partial v}$ を求めよう．

$x = uv, \ y = u^2 + v^2$ とおくと，$z = \log xy$

$$\frac{\partial z}{\partial u} = \frac{\partial z}{\partial x}\frac{\partial x}{\partial u} + \frac{\partial z}{\partial y}\frac{\partial y}{\partial u} = \frac{1}{x}\cdot v + \frac{1}{y}\cdot 2u = \frac{1}{u} + \frac{2u}{u^2+v^2}$$

$$\frac{\partial z}{\partial v} = \frac{\partial z}{\partial x}\frac{\partial x}{\partial v} + \frac{\partial z}{\partial y}\frac{\partial y}{\partial v} = \frac{1}{x}\cdot u + \frac{1}{y}\cdot 2v = \frac{1}{v} + \frac{2v}{u^2+v^2}$$

例題 12.1 — 導関数の計算

(1) 次の関数 $f(x, y)$ の偏導関数 $f_x(x, y)$, $f_y(x, y)$ を求めよ.

(i) $x^3 - 3xy^2 + 4y^3$ (ii) $x \sin y$ (iii) $\sin(xy^2)$

(iv) $\dfrac{y}{x}$ (v) $\dfrac{\log y}{\log x}$ (vi) $\tan \dfrac{y}{x}$

(2) 次の関係式から, $\dfrac{dz}{dt}$ を求めよ. ◀合成関数の微分法

(i) $z = \cos x \sin y$, $x = t^2$, $y = e^t$

(ii) $z = \log(2x + 3y)$, $x = \cos t$, $y = \sin t$

(3) 次の関係式から, $\dfrac{\partial z}{\partial u}$, $\dfrac{\partial z}{\partial v}$ を求めよ. ◀合成関数の偏微分法

$z = \sin(2x + 3y)$, $x = u^2 - v^2$, $y = 2uv$

思わぬ錯覚を防ぐため, たとえば,
$$f(x, y) = x^3 - 3xy^2 + 4y^3$$
を x で偏微分するなら, y をたとえば定数らしい文字 a とおく: $x^3 - 3xa^2 + 4a^3$. これを x で微分し, 微分し終わったら, そっと, a を y に戻しておいたらどうだろう.

How to — 偏微分の計算

思わぬ錯覚がミスを生む. 慎重に!

解 (1) 簡単のため, $f_x(x, y)$, $f_y(x, y)$ を, f_x, f_y と記す.

(i) $f_x = 3x^2 - 3y^2$, $f_y = -6xy + 12y^2$

(ii) $f_x = \sin y$, $f_y = x \cos y$

(iii) $f_x = y^2 \cos(xy^2)$, $f_y = 2xy \cos(xy^2)$

(iv) $f_x = -\dfrac{y}{x^2}$, $f_y = \dfrac{1}{x}$

(v) $f_x = -\dfrac{\log y}{x(\log x)^2}$, $f_y = \dfrac{1}{y \log x}$

(vi) $f_x = -\dfrac{y}{x^2} \sec^2 \dfrac{y}{x}$, $f_y = \dfrac{1}{x} \sec^2 \dfrac{y}{x}$

◀ $\sec \theta = \dfrac{1}{\cos \theta}$

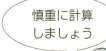

慎重に計算しましょう

(2) (i) $\dfrac{dz}{dt} = \dfrac{\partial z}{\partial x}\dfrac{dx}{dt} + \dfrac{\partial z}{\partial y}\dfrac{dy}{dt}$

$$= -\sin x \sin y \cdot 2t + \cos x \cos y \cdot e^t$$
$$= -2t \sin(t^2) \sin(e^t) + e^t \cos(t^2) \cos(e^t)$$

(ii) $\dfrac{dz}{dt} = \dfrac{\partial z}{\partial x}\dfrac{dx}{dt} + \dfrac{\partial z}{\partial y}\dfrac{dy}{dt}$

$= \dfrac{2}{2x+3y}(-\sin t) + \dfrac{3}{2x+3y}\cos t = \dfrac{-2\sin t + 3\cos t}{2\cos t + 3\sin t}$

(3) $\dfrac{\partial z}{\partial u} = \dfrac{\partial z}{\partial x}\dfrac{\partial x}{\partial u} + \dfrac{\partial z}{\partial y}\dfrac{\partial y}{\partial u}$

$= 2\cos(2x+3y) \cdot 2u + 3\cos(2x+3y) \cdot 2v$
$= 2(2u+3v)\cos(2(u^2-v^2)+6uv)$

$\dfrac{\partial z}{\partial v} = \dfrac{\partial z}{\partial x}\dfrac{\partial x}{\partial v} + \dfrac{\partial z}{\partial y}\dfrac{\partial y}{\partial v}$

$= 2\cos(2x+3y) \cdot (-2v) + 3\cos(2x+3y) \cdot 2u$
$= 2(3u-2v)\cos(2(u^2-v^2)+6uv)$

演習問題 12.1

(1) 次の関数 $f(x, y)$ の偏導関数 $f_x(x, y)$, $f_y(x, y)$ を求めよ.

(i) $x^4 - 2x^2y^3 + y^4$　　(ii) $x^2 \sin y$　　(iii) $\cos(x^2 y)$

(iv) $\dfrac{y}{\sqrt{x}}$　　(v) $\dfrac{\sin y}{\sin x}$　　(vi) $\tan^{-1}\dfrac{y}{x}$

(2) 次の関係式から, $\dfrac{dz}{dt}$ を求めよ.

(i) $z = \sin x \cos y$, $x = t^3$, $y = e^t$
(ii) $z = e^{xy}$, $x = \sin t$, $y = t^2$

(3) 次の関係式から, $\dfrac{\partial z}{\partial u}$, $\dfrac{\partial z}{\partial v}$ を求めよ.

$$z = \sqrt{x^2 + y^2},\quad x = u + v,\quad y = uv$$

第 4 章　偏微分 と 重積分

§13 高次偏導関数とテイラーの定理

極値問題にも大活躍

高次偏導関数

関数 $z = f(x, y)$ の偏導関数 $f_x(x, y)$, $f_y(x, y)$ が，さらに，偏微分可能であるとき，$f(x, y)$ は，2回偏微分可能であるといい，それらの偏導関数を，

$$f_{xx} = \frac{\partial^2 f}{\partial x^2}, \quad f_{xy} = \frac{\partial^2 f}{\partial y \partial x}, \quad f_{yx} = \frac{\partial^2 f}{\partial x \partial y}, \quad f_{yy} = \frac{\partial^2 f}{\partial y^2}$$

などと記し，$f(x, y)$ の**第2次偏導関数**とよぶ．微分の順序は，たとえば，

$$f_{xy} \quad \text{は，} \quad (f_x)_y \quad \text{の意味であり，}$$

$$\frac{\partial^2 f}{\partial y \partial x} \quad \text{は，} \quad \frac{\partial}{\partial y}\left(\frac{\partial f}{\partial x}\right) \quad \text{の意味である．}$$

さらに，順次，第3次偏導関数，第4次偏導関数，… が定義される．
また，$f_{xy}(a, b)$ など，**第2次微分係数**の意味も明らかであろう．

例 $f(x, y) = e^{xy}$ のとき，

$$f_x(x, y) = ye^{xy} \qquad f_y(x, y) = xe^{xy}$$
$$f_{xx}(x, y) = y^2 e^{xy} \qquad f_{yx}(x, y) = e^{xy} + xye^{xy}$$
$$f_{xy}(x, y) = e^{xy} + xye^{xy} \qquad f_{yy}(x, y) = x^2 e^{xy}$$
$$f_{xxy}(x, y) = 2ye^{xy} + xy^2 e^{xy}, \quad \cdots\cdots$$

何回も偏微分して気になるのは，やはり，**偏微分の順序**だろうね．

例 $f(x, y) = \begin{cases} \dfrac{xy(x^2 - y^2)}{x^2 + y^2} & (x, y) \neq (0, 0) \\ 0 & (x, y) = (0, 0) \end{cases}$

の点 $(0, 0)$ における第2次微分係数 $f_{xy}(0, 0)$, $f_{yx}(0, 0)$ を求めよう．
まず，$y \neq 0$ のとき，

$$f_x(0, y) = \lim_{h \to 0} \frac{f(0+h, y) - f(0, y)}{h} = \lim_{h \to 0} \frac{1}{h} \frac{hy(h^2 - y^2)}{h^2 + y^2} = -y$$

$$f_x(0,0) = \lim_{h \to 0} \frac{f(0+h, 0)}{h} = 0$$

ゆえに,
$$f_{xy}(0,0) = \lim_{k \to 0} \frac{f_x(0, 0+k) - f_x(0,0)}{k} = \lim_{k \to 0} \frac{-k-0}{k} = -1$$

同様に, $f_y(x, 0) = x$, $f_y(0, 0) = 0$ が得られるから,
$$f_{yx}(0,0) = \lim_{h \to 0} \frac{f_y(0+h, 0) - f_y(0,0)}{h} = \lim_{h \to 0} \frac{h-0}{h} = 1$$

この［例］の関数は, xy 全平面で, 全微分可能であるのに, なんと,
$$f_{xy}(0,0) \neq f_{yx}(0,0)$$
となってしまう有名な関数なんだ. ◀ **Peano** による（ペアノ）

そこで, 次に, $f_{xy} = f_{yx}$ が成立する一つの**十分条件**を記そう.

ある領域 D で, $f_{xy}(x, y)$, $f_{yx}(x, y)$ が, **ともに連続**ならば, その領域 D で, 次が成立する:
$$f_{xy}(x, y) = f_{yx}(x, y)$$

偏微分の順序

証明　$(a, b) \in D$ とする. いま,
$$\varphi(x) = f(x, b+k) - f(x, b)$$
を考え, $\varphi(a+h) - \varphi(a)$ に, 平均値の定理を二度用いれば, 次のような $0 < \theta_1 < 1$, $0 < \theta_1' < 1$ が存在する:
$$\varphi(a+h) - \varphi(a) = \varphi'(a + \theta_1 h)h$$
$$= \{f_x(a+\theta_1 h, b+k) - f_x(a+\theta_1 h, b)\}h$$
$$= f_{xy}(a+\theta_1 h, b+\theta_1' k)hk \quad \cdots\cdots\cdots\cdots\cdots ①$$

同様に,
$$\psi(y) = f(a+h, y) - f(a, y)$$
を考えれば, 次のような, $0 < \theta_2 < 1$, $0 < \theta_2' < 1$ が存在する:
$$\psi(b+k) - \psi(k) = f_{yx}(a+\theta_2' h, b+\theta_2 k)kh \quad \cdots\cdots\cdots\cdots\cdots ②$$

ところで, $\varphi(a+h) - \varphi(a)$ および, $\psi(b+k) - \psi(b)$ は, いずれも,
$$f(a+h, b+k) - f(a+h, b) - f(a, b+k) - f(a, b)$$

に等しくなるので，"①の右辺＝②の右辺" となるわけだね：
$$f_{xy}(a+\theta_1 h,\ b+\theta_1' k)hk = f_{yx}(a+\theta_2' h,\ b+\theta_2 k)kh$$
そこで，この両辺を hk で割って，極限 $(h, k) \to (0, 0)$ を考える．
$f_{xy}(x, y),\ f_{yx}(x, y)$ の**連続性**から，次が得られ，証明完了：
$$f_{xy}(a, b) = f_{yx}(a, b)$$

さて，$f(x, y)$ が n 回偏微分可能で，n 次以下の偏導関数がすべて連続であるとき，$f(x, y)$ は **n 回連続微分可能**または **C^n 級**であるという．

また，$f(x, y)$ か，x, y について，どの順でも，何回でも偏微分可能であって，どの偏導関数も連続であるとき，$f(x, y)$ は**無限回微分可能**または **C^∞ 級**であるというのだ．

テイラーの定理

1 変数関数のテイラーの定理は，多変数の場合に拡張される：

関数 $f(x, y)$ が，2 点 $(a, b),\ (a+h, b+k)$ を結ぶ線分を含む領域で n 回連続微分可能ならば，次のような $0 < \theta < 1$ が存在する：

$$\begin{aligned}
f(a+h,\ b+k) &= f(a, b) + \frac{1}{1!}\left[\left(h\frac{\partial}{\partial x} + k\frac{\partial}{\partial y}\right)f\right](a, b) \\
&\quad + \frac{1}{2!}\left[\left(h\frac{\partial}{\partial x} + k\frac{\partial}{\partial y}\right)^2 f\right](a, b) \\
&\quad + \cdots + \frac{1}{(n-1)!}\left[\left(h\frac{\partial}{\partial x} + k\frac{\partial}{\partial y}\right)^{n-1} f\right](a, b) + R_n
\end{aligned}$$

剰余項 $R_n = \dfrac{1}{n!}\left[\left(h\dfrac{\partial}{\partial x} + k\dfrac{\partial}{\partial y}\right)^n f\right](a+\theta h,\ b+\theta k)$

テイラーの定理

▶注　たとえば，記号 $\left(h\dfrac{\partial}{\partial x} + k\dfrac{\partial}{\partial y}\right)^3 f$ は，次を表わすものとする：
$$h^3 \frac{\partial^3 f}{\partial x^3} + 3h^2 k \frac{\partial^3 f}{\partial x^2 \partial y} + 3hk^2 \frac{\partial^3 f}{\partial x \partial y^2} + k^3 \frac{\partial^3 f}{\partial y^3}$$

例 $n=2$ の場合のテイラーの定理は,
$$f(a+h,\ b+k) = f(a,b) + \frac{1}{1!}(hf_x(a,b) + kf_y(a,b))$$
$$+ \frac{1}{2!}(h^2 f_{xx}(a',b') + 2hk f_{xy}(a',b') + k^2 f_{yy}(a',b'))$$

ただし, $a'=a+\theta h$, $b'=b+\theta k$ （$0<\theta<1$） である.

例 $f(x,y) = e^{2x-y}$ の $n=2$ の場合のマクローリンの定理は,
$$e^{2h-k} = 1 + (2h-k) + \frac{1}{2}(2h-k)^2 e^{2\theta h - \theta k} \quad (0<\theta<1)$$

それでは, 次にテイラーの定理を証明しよう.

証明 いま, $f(a+ht, b+kt)$ を, **t の関数**とみて,
$$\varphi(t) = f(a+ht,\ b+kt) \quad (0 \leqq t \leqq 1)$$
とおこう. このとき, **合成関数の微分法**によって,
$$\varphi'(t) = f_x(a+ht,\ b+kt)\frac{dx}{dt} + f_y(a+ht,\ b+kt)\frac{dy}{dt}$$
$$= \left[\left(h\frac{\partial}{\partial x} + k\frac{\partial}{\partial y}\right)f\right](a+ht,\ b+kt)$$
$$\varphi''(t) = \frac{d}{dt}\{hf_x(a+ht,\ b+kt) + kf_y(a+ht,\ b+kt)\}$$
$$= h^2 f_{xx}(a+ht,\ b+kt) + 2hk f_{xy}(a+ht,\ b+kt)$$
$$\quad + k^2 f_{yy}(a+ht,\ b+kt)$$
$$= \left[\left(h\frac{\partial}{\partial x} + k\frac{\partial}{\partial y}\right)^2 f\right](a+ht,\ b+kt)$$
$$\vdots$$
$$\varphi^{(n)}(t) = \left[\left(h\frac{\partial}{\partial x} + k\frac{\partial}{\partial y}\right)^n f\right](a+ht,\ b+kt)$$

ここで, 関数 $\varphi(t)$ に, 区間 $0 \leqq t \leqq 1$ で, テイラーの定理を用いると,
$$\varphi(1) = \varphi(0) + \frac{\varphi'(0)}{1!} + \frac{\varphi''(0)}{2!} + \cdots + \frac{\varphi^{(n-1)}(0)}{(n-1)!} + \frac{\varphi^{(n)}(\theta)}{n!} \quad (0<\theta<1)$$

この式をよく見たまえ. $\varphi(0)$, $\varphi'(0)$, $\varphi''(0)$, $\cdots$ を具体的に書き下せば, これぞ, テイラーの定理になっているではないか.

極大・極小

2変数関数 $f(x, y)$ の極大・極小も，1変数の場合と同様に，**局所的な最大・最小**として定義される：

■ 点 (a, b) に**十分近いすべての点** $(x, y) \neq (a, b)$ について

（1） $f(x, y) < f(a, b)$

が成立するとき，$f(x, y)$ は，点 (a, b) で**極大**になるといい，$f(a, b)$ を**極大値**という．

（2） $f(x, y) > f(a, b)$

が成立するとき，$f(x, y)$ は，点 (a, b) で**極小**になるといい，$f(a, b)$ を**極小値**という．

このとき，極大値・極小値を，**極値**と総称する．

このとき，次の性質は，自明に近い：

● $z = f(x, y)$ が，点 (a, b) で極値をとれば，
$$f_x(a, b) = 0, \quad f_y(a, b) = 0$$

証明 極大値の場合を述べる．

平面 $y = b$ による切口を考えて，x の関数 $f(x, b)$ は，点 a の近くで，
$$f(x, b) < f(a, b)$$
となるから，$f(x, b)$ は点 a で極大．
$$\therefore \quad f_x(a, b) = 0$$
$f_y(a, b) = 0$ も同様．

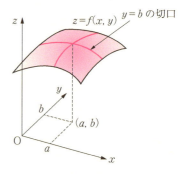

▶**注** $f_x(a, b) = f_y(a, b) = 0$ を満たす点を，$f(x, y)$ の**停留点**ということがある．停留点は必ずしも極値点ではない．

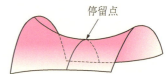

極値の判定定理

2 変数関数 $f(x, y)$ の極値の判定は，ふつう次の定理による：

$f(x, y)$ が 2 回連続微分可能で，$f_x(a, b) = 0$, $f_y(a, b) = 0$ とする．いま，
$$H(x, y) = f_{xx}(x, y) f_{yy}(x, y) - f_{xy}(x, y)^2$$
とおけば，

(1) $H(a, b) > 0$, $f_{xx}(a, b) > 0$ $\Rightarrow$ $f(a, b)$ は極小値

(2) $H(a, b) > 0$, $f_{xx}(a, b) < 0$ $\Rightarrow$ $f(a, b)$ は極大値

(3) $H(a, b) < 0$ $\Rightarrow$ $f(a, b)$ は **極値ではない**．

▶注　$f_{xx}(a, b)$ の代わりに，$f_{yy}(a, b)$ でもよい．
$H(a, b) = 0$ の場合は，**何ともいえない**．

極値の判定

証明　いま，簡単のため，
$$A = f_{xx}(a, b), \quad B = f_{xy}(a, b) = f_{yx}(a, b), \quad C = f_{yy}(a, b)$$
とおく．テイラーの定理より，
$$f(a+h, b+k) - f(a, b)$$
$$= \frac{1}{2}\{f_{xx}(a', b')h^2 + 2f_{xy}(a', b')hk + f_{yy}(a', b')k^2\} \quad \cdots\cdots\cdots (*)$$

ただし，$a' = a + \theta h$, $b' = b + \theta k$, $0 < \theta < 1$．

$f(x, y)$ が 2 回連続微分可能だから，$H(x, y)$, $f_{xx}(x, y)$ は，連続関数であることに注意しよう．

(1) $H(a, b) = AC - B^2 > 0$, $f_{xx}(a, b) = A > 0$ のとき：

$(0, 0)$ に十分近い $(h, k) \neq (0, 0)$ に対して，$a \fallingdotseq a'$, $b \fallingdotseq b'$ だから，
$$f_{xx}(a', b')f_{yy}(a', b') - f_{xy}(a', b')^2 > 0$$
$$f_{xx}(a', b') > 0$$

ゆえに，$(*)$ の両辺 > 0. よって，$f(a, b)$ は $f(x, y)$ の **極小値**．

(2) $H(a, b) = AC - B^2 > 0$, $f_{xx}(a, b) = A < 0$ のとき：

(1) と同様．

第 4 章　偏微分 と 重積分

（3） $H(a, b) = AC - B^2 < 0$ のとき：

このとき，t の2次式
$$u = At^2 + 2Bt + C$$
は，正にも負にもなる．いま，

$$At_0^2 + 2Bt_0 + C > 0 \quad \cdots\cdots\cdots \text{①}$$
なる t_0 をとる．

また，0に近い $k_0 (\neq 0)$ を任意にとり，$h_0 = t_0 k_0$ とおけば，
$$Ah_0^2 + 2Bh_0 k_0 + Ck_0^2 = k_0^2(At_0^2 + 2Bt_0 + C) > 0$$
そこで，この h_0, k_0 を用いて，
$$\varphi(t) = f(a + th_0, \ b + tk_0)$$
とおけば，**合成関数の微分法**により，
$$\varphi'(t) = f_x(a + th_0, \ b + tk_0) h_0 + f_y(a + th_0, \ b + tk_0) k_0$$
$$\varphi''(t) = f_{xx}(a + th_0, \ b + tk_0) h_0^2$$
$$\qquad + 2f_{xy}(a + th_0, \ b + tk_0) h_0 k_0 + f_{yy}(a + th_0, \ b + tk_0) k_0^2$$
したがって，
$$\varphi'(0) = f_x(a, b) h_0 + f_y(a, b) k_0 = 0$$
$$\varphi''(0) = Ah_0^2 + 2Bh_0 k_0 + Ck_0^2 > 0$$
ゆえに，$\varphi(t)$ は点0で**極小**になる．
0に十分近い t に対して，**つねに，**
$$\varphi(t) > \varphi(0)$$
$$f(a + th_0, \ b + tk_0) > f(a, b) \quad \cdots\cdots \text{Ⓐ}$$
同様に，
$$At_0^2 + 2Bt_0 + C < 0 \quad \cdots\cdots\cdots\cdots \text{②}$$
から出発すれば，
$$f(a + th_0, \ b + tk_0) < f(a, b) \quad \cdots\cdots \text{Ⓑ}$$
を得る．以上から，点 (a, b) のどんな近くにも，$f(x, y) > f(a, b)$ となる点と，$f(x, y) < f(a, b)$ となる点の両方が存在することが分かった．

$f(a, b)$ は，**極値でないことが分かった．ヤレヤレ．**

例 $f(x, y) = xy + \dfrac{1}{x} + \dfrac{1}{y}$ のとき,

簡単のため, $f_x(x, y)$, $f_y(x, y)$, $\cdots$ を, f_x, f_y, $\cdots$ と略記する.

$$f_x = y - \frac{1}{x^2}, \ f_y = x - \frac{1}{y^2}, \ f_{xx} = \frac{2}{x^3}, \ f_{yy} = \frac{2}{y^3}, \ f_{xy} = 1$$

$$H(x, y) = f_{xx}f_{yy} - f_{xy}^2 = \frac{4}{x^3 y^3} - 1$$

いま, $f_x = f_y = 0$ を解いて, $(x, y) = (1, 1)$ ◀ $y - \dfrac{1}{x^2} = x - \dfrac{1}{y^2} = 0$

このとき,

$H(1, 1) = 3 > 0$, $f_{xx} = 2 > 0$　よって, $f(1, 1) = 3$ は **極小値**.

例 $f(x, y) = 2x^4 - 3x^2 y + y^2$ のとき,

$$f_x = 8x^3 - 6xy, \quad f_y = -3x^2 + 2y$$
$$f_{xx} = 24x^2 - 6y, \quad f_{yy} = 2, \quad f_{xy} = -6x$$
$$H(x, y) = f_{xx}f_{yy} - f_{xy}^2 = 12x^2 - 12y$$

$f_x = f_y = 0$ より, $(x, y) = (0, 0)$.

このとき, $H(0, 0) = 0$ だから, **H と f_{xx} の符号から, 極値の判定は不可能**.

$f(x, y) = (x^2 - y)(2x^2 - y)$, $f(0, 0) = 0$ だから, 点 $(0, 0)$ のどんな近くにも, $f(x, y) < 0$ なる点と, $f(x, y) > 0$ なる点とが存在するので, $f(0, 0) = 0$ は **極値ではない**.

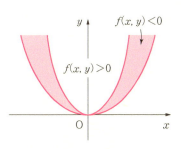

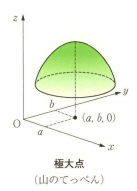

極大点
（山のてっぺん）

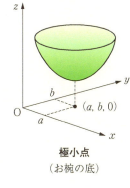

極小点
（お椀の底）

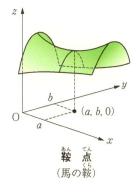

鞍点
（馬の鞍）

例題 13.1 — 極大・極小

次の関数の極値を求めよ．

(1) $f(x, y) = x^2 - 4xy + 2y^4 + 3$

(2) $f(x, y) = x^3 - 3xy + y^3$

解 右の Point による．

(1) $f(x, y)$ の偏導関数は，
$$f_x(x, y) = 2x - 4y$$
$$f_y(x, y) = -4x + 8y^3$$
$$f_{xx}(x, y) = 2$$
$$f_{yy}(x, y) = 24y^2$$
$$f_{xy}(x, y) = -4$$

> **Point**
> 極値の判定
> $$H = f_{xx}f_{yy} - f_{xy}^2$$
> $f_x = f_y = 0$ なる点で，
> - $H > 0$, $f_{xx} < 0$ ⇒ 極大
> - $H > 0$, $f_{xx} > 0$ ⇒ 極小
> - $H < 0$ ⇒ 極値ではない

このとき，
$$H(x, y) = f_{xx}(x, y)f_{yy}(x, y) - f_{xy}(x, y)^2$$
$$= 2 \cdot 24y^2 - (-4)^2 = 16(3y^2 - 1)$$

次に，
$$\begin{cases} f_x(x, y) = 2x - 4y = 0 \\ f_y(x, y) = -4x + 8y^3 = 0 \end{cases}$$

を解いて，
$$(x, y) = (0, 0),\ (2, 1),\ (-2, -1)$$

◀ 停留点（極値点の候補）

(i) $(x, y) = (0, 0)$ のとき：
$H(0, 0) = -16 < 0$ だから，
$f(0, 0)$ は，**極値ではない**．

(ii) $(x, y) = (2, 1)$ のとき：
$$H(2, 1) = 32 > 0,$$
$$f_{xx}(2, 1) = 2 > 0$$
だから，
$f(2, 1) = 1$ は，**極小値**．

(iii) $(x, y) = (-2, -1)$ のとき：
$$H(-2, -1) = 32 > 0,$$

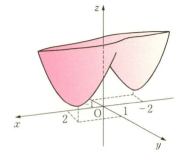

$f_{xx}(-2, -1) = 2 > 0$ だから，$f(-2, -1) = 1$ は，**極小値**．

（2） $f(x, y)$ の偏導関数は，
$$f_x(x, y) = 3x^2 - 3y, \qquad f_y(x, y) = -3x + 3y^2$$
$$f_{xx}(x, y) = 6x, \qquad f_{yy}(x, y) = 6y, \qquad f_{xy}(x, y) = -3$$
$$H(x, y) = f_{xx}(x, y) f_{yy}(x, y) - f_{xy}(x, y)^2$$
$$= 6x \cdot 6y - (-3)^2 = 9(4xy - 1)$$

次に，
$$\begin{cases} f_x(x, y) = 3x^2 - 3y = 0 \\ f_y(x, y) = -3x + 3y^2 = 0 \end{cases}$$

を解いて，
$$(x, y) = (0, 0), \ (1, 1)$$

（ⅰ） $(x, y) = (0, 0)$ のとき：
$$H(0, 0) = -9 < 0$$

だから，$f(0, 0)$ は，**極値ではない**．

（ⅱ） $(x, y) = (1, 1)$ のとき：
$$H(1, 1) = 27 > 0,$$
$$f_{xx}(1, 1) = 6 > 0$$

だから，

$f(1, 1) = -1$ は，**極小値**．

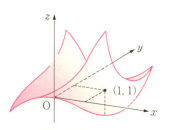

演習問題 13.1

次の関数の極値を求めよ．
（1） $f(x, y) = x^2 - 6xy + 6y^3 + 4$
（2） $f(x, y) = x^3 + y^3 - 3x - 3y + 4$

§14 二重積分

積分は，すべて"細分して合計する"

二重積分

平面上の有限範囲の領域 D で，$f(x, y) \geqq 0$ であるような曲面
$$z = f(x, y)$$
と，領域 D との間の立体の**体積をモデルにして** "二重積分" を考える．

では，行こう！　　　　　　　　　　◀定義の仕方は多数ある

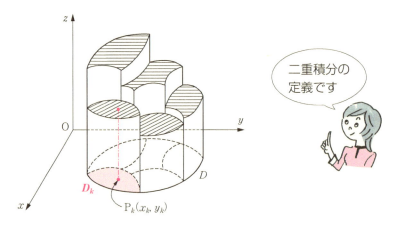

二重積分の定義です

領域 D を，小領域 $D_1, D_2, \cdots, D_n$ に分割し，各領域から，
$$\text{代表点 } P_k(x_k, y_k)$$
をとり，体積の近似和（n 個の細長い柱の体積の合計）
$$f(x_1, y_1)D_1 + f(x_2, y_2)D_2 + \cdots + f(x_n, y_n)D_n$$
を作る．各 D_k は，そのまま小領域 D_k の面積を表わすものとする．

いま，各 D_k が 1 点に収縮していくように分割を細かく $n \to \infty$ としたとき，上の近似和が，領域 D の分割の仕方・代表点の選び方によらず，一定値に近づくとき，関数 $f(x, y)$ は領域 D で**積分可能**であるといい，この一定値を，領域 D における関数 $f(x, y)$ の**二重積分**といい，
$$\iint_D f(x, y)\,dxdy$$

と記すのだ．このとき，D を **積分領域**，$f(x, y)$ を **被積分関数** とよぶ．難しそうに見えるけれど，考え方は，§10 の定積分と同じだね．

●二重積分の性質

（1） **線形性**　a, b を定数とするとき，
$$\iint_D (af(x, y) + bg(x, y))dxdy$$
$$= a\iint_D f(x, y)dxdy + b\iint_D g(x, y)dxdy$$

（2） **加法性**　D_1, D_2 は境界以外に共有点をもたないとき，
$$\iint_{D_1 \cup D_2} f(x, y)dxdy = \iint_{D_1} f(x, y)dxdy + \iint_{D_2} f(x, y)dxdy$$

（3） **単調性**　積分領域 D で，つねに，$f(x, y) \leqq g(x, y)$ ならば，
$$\iint_D f(x, y)dxdy \leqq \iint_D g(x, y)dxdy$$

累次積分

次に，二重積分の **実用的な計算法** を述べよう．

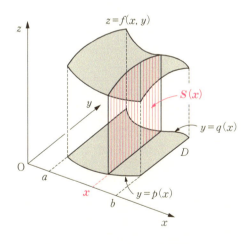

図で，立体の x 軸に垂直な平面による切口の面積を $S(x)$ とすれば，
$$S(x) = \int_{p(x)}^{q(x)} f(x, y)dy$$

だから，立体の体積は，
$$\int_a^b S(x)\,dx = \int_a^b \left(\int_{p(x)}^{q(x)} f(x,y)\,dy\right)dx$$
この右辺を**累次積分**という．

（1） $D : p(x) \leqq y \leqq q(x),\ a \leqq x \leqq b$ のとき：
$$\iint_D f(x,y)\,dxdy = \int_a^b \left(\int_{p(x)}^{q(x)} f(x,y)\,dy\right)dx$$

（2） $E : r(y) \leqq x \leqq s(y),\ c \leqq y \leqq d$ のとき：
$$\iint_E f(x,y)\,dxdy = \int_c^d \left(\int_{r(y)}^{s(y)} f(x,y)\,dx\right)dy$$

累次積分

▶注　上の積分領域 D, E を図示すれば，次のようである：

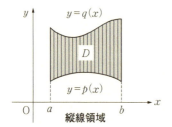
縦線領域

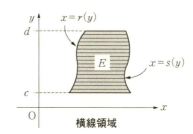
横線領域

変数変換

1変数の置換積分に相当するものが"変数変換"なのだ．

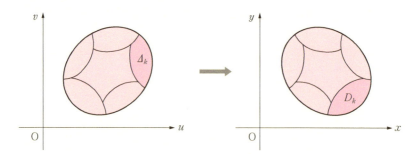

> 変数変換 $(u, v) \to (x, y)$ によって，uv 平面の領域 Δ と xy 平面の領域 D の**内部どうしが一対一に写るとき**，
> $$\iint_D f(x, y)\,dxdy = \iint_\Delta f(u, v)\,|J|\,dudv$$
> このとき，$J = \dfrac{\partial(x, y)}{\partial(u, v)} = \begin{vmatrix} x_u & x_v \\ y_u & y_v \end{vmatrix} = x_u y_v - x_v y_u$
>
> を**ヤコビアン**という．
>
> ただし，積分領域 Δ，D の境界は滑らかで，
> 変数変換 $x = x(u, v)$，$y = y(u, v)$ は連続微分可能とする．

◁ 変数変換

この変換によって，各小領域 Δ_k は，ほぼ $|J|$ 倍に拡大される：
$$D_k = |J|\Delta_k$$

◁ $|J|$ は J の絶対値

▶**注** J に絶対値をつけるのは，なぜか？
　　　重積分では，1 変数関数の定積分と違って，重積分や積分領域に，**方向を考えない**からである．

それでは，変数変換で頻出の"極座標変換"について述べておこう．

極座標変換

とくに，次の変数変換 $(r, \theta) \to (x, y)$ を，**極座標変換**という：
$$x = r\cos\theta,\ y = r\sin\theta \quad (r \geqq 0)$$
このとき，
$$J = \begin{vmatrix} x_r & x_\theta \\ y_r & y_\theta \end{vmatrix} = \begin{vmatrix} \cos\theta & -r\sin\theta \\ \sin\theta & r\cos\theta \end{vmatrix} = r$$
となり，$|J| = r$ （$r \geqq 0$）であるから，
$$\iint_D f(x, y)\,dxdy = \iint_\Delta f(r, \theta)\,r\,drd\theta$$
ということになる．

例題 14.1　　　　　　　　　　　　　　　累次積分

次の二重積分の値を求めよ．

(1) $\iint_D \dfrac{x}{y^2}dxdy$　　　$D: \dfrac{1}{3} \leqq x \leqq 1,\ x^2 \leqq y \leqq x$

(2) $\iint_D (2x-y)dxdy$　　$D: 0 \leqq y \leqq 1,\ \dfrac{1}{2}x \leqq y \leqq \sqrt{x}$

(3) $\iint_D \dfrac{\cos y}{y}dxdy$　　$D: 0 \leqq x \leqq \dfrac{\pi}{2},\ x \leqq y \leqq \dfrac{\pi}{2}$

(4) $\iint_D xe^{-y^2}dxdy$　　$D: x \geqq 0,\ x^2 \leqq y \leqq 1$

解　ぜひ，積分領域を図示しよう．

(1) まず，y で積分し，次に x で積分する．　　◀ 初め x で，次に y で

積分しては面倒．

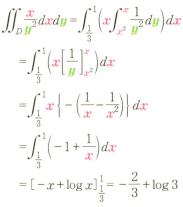
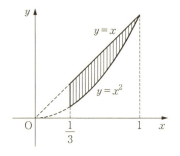

$$\iint_D \frac{x}{y^2}dxdy = \int_{\frac{1}{3}}^{1} \left(x \int_{x^2}^{x} \frac{1}{y^2}dy\right)dx$$

$$= \int_{\frac{1}{3}}^{1} \left(x\left[\frac{1}{y}\right]_{x^2}^{x}\right)dx$$

$$= \int_{\frac{1}{3}}^{1} x\left\{-\left(\frac{1}{x}-\frac{1}{x^2}\right)\right\}dx$$

$$= \int_{\frac{1}{3}}^{1} \left(-1+\frac{1}{x}\right)dx$$

$$= [-x+\log x]_{\frac{1}{3}}^{1} = -\frac{2}{3}+\log 3$$

(2) まず，x で積分し，次に y で積分する．　　◀ ぜひ，この順で

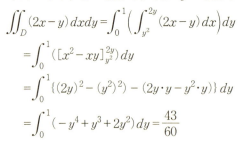
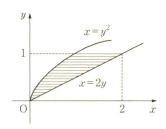

$$\iint_D (2x-y)dxdy = \int_0^1 \left(\int_{y^2}^{2y}(2x-y)dx\right)dy$$

$$= \int_0^1 ([x^2-xy]_{y^2}^{2y})dy$$

$$= \int_0^1 \{(2y)^2-(y^2)^2)-(2y\cdot y-y^2\cdot y)\}dy$$

$$= \int_0^1 (-y^4+y^3+2y^2)dy = \frac{43}{60}$$

（3）$\int \dfrac{\cos y}{y} dy$ が未知なので，$\int_0^{\frac{\pi}{2}} \left(\int_x^{\frac{\pi}{2}} \dfrac{\cos y}{y} dy \right) dx$ のように計算することはできない．

$$\iint_D \dfrac{\cos y}{y} dxdy = \int_0^{\frac{\pi}{2}} \left(\dfrac{\cos y}{y} \int_0^y dx \right) dy$$

$$= \int_0^{\frac{\pi}{2}} \left(\dfrac{\cos y}{y} \cdot y \right) dy = \int_0^{\frac{\pi}{2}} \cos y \, dy = 1$$

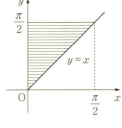

（4）これは，$\int_0^1 \left(x \int_{x^2}^1 e^{-y^2} dy \right) dx$ と変形しては失敗．

$$\iint_D xe^{-y^2} dxdy = \int_0^1 \left(e^{-y^2} \int_0^{\sqrt{y}} x dx \right) dy$$

$$= \int_0^1 e^{-y^2} \left[\dfrac{1}{2} x^2 \right]_0^{\sqrt{y}} dy$$

$$= \int_0^1 \left(e^{-y^2} \left\{ \dfrac{1}{2} (\sqrt{y})^2 - \dfrac{1}{2} \cdot 0^2 \right\} \right) dy$$

$$= \int_0^1 \dfrac{1}{2} y e^{-y^2} dy$$

$$= \left[-\dfrac{1}{4} e^{-y^2} \right]_0^1 = \dfrac{1}{4} \left(1 - \dfrac{1}{e} \right)$$

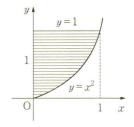

How to

累次積分

積分の順序がポイント

=== **演習問題 14.1** ===

次の二重積分の値を求めよ．

（1）$\displaystyle\iint_D \dfrac{x}{y^2} dxdy \qquad D: 1 \leqq x \leqq 2, \; 1 \leqq y \leqq x^2$

（2）$\displaystyle\iint_D (x^2+y) dxdy \qquad D: 0 \leqq x \leqq 1, \; 0 \leqq y \leqq 1-x$

（3）$\displaystyle\iint_D \cos(y^2) dxdy \qquad D: 0 \leqq x \leqq \dfrac{\pi}{2}, \; x \leqq y \leqq \dfrac{\pi}{2}$

（4）$\displaystyle\iint_D y\sqrt{x^3+1} \, dxdy \qquad D: 0 \leqq x \leqq 2, \; 0 \leqq y \leqq \dfrac{\pi}{2}x$

例題 14.2 　　　　　　　　　　　　　　　変数変換

次の二重積分の値を求めよ．

(1) $\iint_D (-x+2y)e^{2x+y}dxdy$ 　　 $D:\begin{cases} 0 \leq -x+2y \leq 2 \\ 0 \leq 2x+y \leq 3 \end{cases}$

(2) $\iint_D e^{x^2+y^2}dxdy$ 　　　　 $D:\begin{cases} 1 \leq x^2+y^2 \leq 4 \\ x \geq 0,\ y \geq 0 \end{cases}$

解　(1)　$u=-x+2y,\ v=2x+y$

$\therefore\ x=-\dfrac{1}{5}u+\dfrac{2}{5}v,\ y=\dfrac{2}{5}u+\dfrac{1}{5}v$

とおけば，

$$J=\begin{vmatrix} x_u & x_v \\ y_u & y_v \end{vmatrix}=\begin{vmatrix} -1/5 & 2/5 \\ 2/5 & 1/5 \end{vmatrix}=-\dfrac{1}{5}$$

この変換によって，uv 平面上の領域

$$\Delta : 0 \leq u \leq 2,\ 0 \leq v \leq 3$$

は，xy 平面上の領域 D に，**一対一に裏返しに写される**．　　◂ $J=-\dfrac{1}{5}<0$ だから裏返し

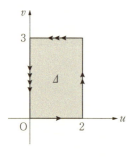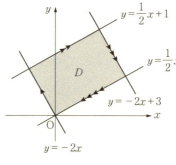

◂ 周は向きを含めて図のように写りあう

ゆえに，求める二重積分は，

$$\iint_D (-x+2y)e^{2x+y}dxdy = \iint_\Delta ue^v \cdot \left|-\dfrac{1}{5}\right| dudv$$　　◂ $|\ |$ は絶対値

$$=\dfrac{1}{5}\int_0^2\left(u\int_0^3 e^v dv\right)du = \dfrac{1}{5}\int_0^2 u[e^v]_0^3 du$$

$$=\dfrac{1}{5}\int_0^2 u(e^3-1)du = \dfrac{1}{5}(e^3-1)\int_0^2 udu = \dfrac{2}{5}(e^3-1)$$

（2） 極座標変換

$$\begin{cases} x = r\cos\theta \\ y = r\sin\theta \end{cases} \quad (r \geq 0,\ 0 \leq \theta \leq 2\pi)$$

と考える．このとき，xy 平面の領域

$$D : 1 \leq x^2 + y^2 \leq 4,\ x \geq 0,\ y \geq 0$$

は，$r\theta$ 平面の次の領域 Δ と**一対一に写り合う**：

$$\Delta : 1 \leq r \leq 2,\ 0 \leq \theta \leq \frac{\pi}{2}$$

How to
積分領域が円
⬇
極座標変換

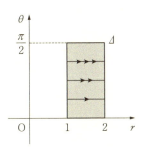
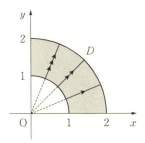

$$J = \begin{vmatrix} x_r & x_\theta \\ y_r & y_\theta \end{vmatrix} = \begin{vmatrix} \cos\theta & -r\sin\theta \\ \sin\theta & r\cos\theta \end{vmatrix} = r\cos^2\theta + r\sin^2\theta = r$$

ゆえに，求める二重積分は，

$$\iint_D e^{x^2+y^2} dxdy = \iint_\Delta e^{r^2\cos^2\theta + r^2\sin^2\theta} \cdot r\, drd\theta$$
$$= \iint_\Delta e^{r^2} \cdot r\, drd\theta = \int_0^{\frac{\pi}{2}} \left(\int_1^2 e^{r^2} \cdot r\, dr \right) d\theta$$
$$= \int_0^{\frac{\pi}{2}} \left[\frac{1}{2} e^{r^2} \right]_1^2 d\theta = \frac{1}{2}(e^4 - e) \int_0^{\frac{\pi}{2}} d\theta = \frac{\pi}{4}(e^4 - e)$$

この r 忘れないでね！

=== 演習問題 14.2 ===

次の二重積分の値を求めよ．

(1) $\displaystyle\iint_D (x+y)^2 \sin(x-y)\, dxdy \quad D : \begin{cases} 0 \leq x+y \leq \pi \\ 0 \leq x-y \leq \pi \end{cases}$

(2) $\displaystyle\iint_D (2x+3y)\, dxdy \quad D : \begin{cases} x^2 + y^2 \leq 1 \\ x \geq 0,\ y \geq 0 \end{cases}$

§15 広義二重積分

―― 近似増加列の選び方がポイント ――

広義二重積分

泣いても，笑っても，いよいよ最後の§だね．ここでは，

$$\iint_D \frac{1}{\sqrt{x-y}}\,dxdy \qquad D: 0 \leq y < x \leq 1$$

$$\iint_D \frac{1}{(x+y+1)^3}\,dxdy \qquad D: x \geq 0,\ y \geq 0$$

のように，積分領域の境界で**非有界**な関数や，積分領域が**無限領域**の二重積分を考えてみよう．基本の考え方は，1 変数関数の広義積分と同様で，**ふつうの二重積分の極限**として定義することだ．

広義二重積分 $\iint_D f(x,y)\,dxdy$ を考えるとき，$f(x,y)$ が D で連続とする．$f(x,y)$ が D の境界で非有界でも，D が無限領域でもよいとする．

さて，次のような有界閉領域の列 $\{D_n\}$ を，D の**近似増加列**とよぶ：

(1) $D_1 \subseteq D_2 \subseteq \cdots \subseteq D_n \subseteq \cdots \subseteq D$

(2) $D_1 \cup D_2 \cup \cdots \cup D_n \cup \cdots = D$

(3) D に含まれる有界閉領域は，いずれかの D_n に含まれる．

このとき，積分領域 D の**すべての**近似増加列 $\{D_n\}$ に対して，

$$\lim_{n \to \infty} \iint_{D_n} f(x,y)\,dxdy$$

が，同一の極限値に収束するとき，$f(x,y)$ は D で**積分可能**であるといい，その極限値を，$f(x,y)$ の D における**広義二重積分**とよび，

$$\iint_D f(x,y)\,dxdy$$

と記す．まあ，自然な定義だな．"すべての近似増加列"と言われると，驚くかもしれないが，嬉しいことに，次の定理があるのだ：

> 集合 D で，つねに $f(x,y) \geqq 0$ かつねに $f(x,y) \leqq 0$ とする．
> (このとき，$f(x,y)$ を **定符号関数** という) いま，D の一つの近似増加列 $\{D_n\}$ に対して，
> $$\lim_{n \to \infty} \iint_{D_n} f(x,y)\,dxdy$$
> が収束すれば，$f(x,y)$ は D で積分可能であって，
> $$\iint_D f(x,y)\,dxdy = \lim_{n \to \infty} \iint_{D_n} f(x,y)\,dxdy$$

定符号関数の広義二重積分

証明 $f(x,y) \geqq 0$ の場合を考える． ◂ $f(x,y) < 0$ にならない

D の任意の近似増加列 $\{A_n\}$，$\{B_n\}$ に対して，$n \to +\infty$ のとき，
$$a_n = \iint_{A_n} f(x,y)\,dxdy \to \alpha$$
$$b_n = \iint_{B_n} f(x,y)\,dxdy \to \beta$$

とする．$f(x,y) \geqq 0$ で，$\{A_n\}$，$\{B_n\}$ は増加列だから，
$$a_1 \leqq a_2 \leqq a_3 \leqq \cdots \leqq \alpha, \quad b_1 \leqq b_2 \leqq b_3 \leqq \cdots \leqq \beta$$

$\{B_n\}$ の性質より，各 A_n ごとに $A_n \subseteq B_m$ なる B_m が存在するから，
$$a_n = \iint_{A_n} f(x,y)\,dxdy \leqq \iint_{B_m} f(x,y)\,dxdy = b_m \leqq \beta$$
$$\therefore \quad \alpha \leqq \beta$$

$\{A_n\}$ と $\{B_n\}$ の立場を入れかえれば，$\beta \leqq \alpha$ が得られるので，$\alpha = \beta$.

累次積分

$$\int_a^b \left(\int_{p(x)}^{q(x)} f(x,y)\,dy \right) dx$$

が収束すれば，次の二重積分も収束して，両者の値は一致する：
$$\iint_D f(x,y)\,dxdy \quad D : a \leqq x \leqq b,\ p(x) \leqq y \leqq q(x)$$

▶注 a, b は，$-\infty$，$+\infty$ でもよく，$p(x)$，$q(x)$ は，$-\infty$，$+\infty$ でもよい．

例題 15.1 — 広義二重積分

次の二重積分の値を求めよ.

(1) $\displaystyle\iint_D \frac{1}{\sqrt{x-y}}\,dxdy \qquad D: 0 \leq y < x \leq 1$

(2) $\displaystyle\iint_D \frac{1}{(x+y+1)^3}\,dxdy \qquad D: x \geq 0,\ y \geq 0$

解 (1) 境界 $y=x$ に近づくとき, $\dfrac{1}{\sqrt{x-y}} \to +\infty$. 被積分関数は, 積分領域 D で**非有界**. また, D で, つねに,

$$\frac{1}{\sqrt{x-y}} > 0 \qquad \blacktriangleleft 定符号$$

だから, <u>適当な近似増加列を一つとればよい</u>.

いま, 次のような

$$D_n:\ 0 \leq y \leq x,\ \frac{1}{n} \leq x \leq 1$$

を考えると,

$$D_1 \subseteq D_2 \subseteq \cdots \subseteq D_n \subseteq \cdots \subseteq D$$

は, 近似増加列になる.

$$\iint_{D_n} \frac{1}{\sqrt{x-y}}\,dxdy = \int_{\frac{1}{n}}^{1}\left(\int_0^x \frac{1}{\sqrt{x-y}}\,dy\right)dx$$

$$= \int_{\frac{1}{n}}^{1}\left[-2\sqrt{x-y}\right]_{y=0}^{y=x}dx = \int_{\frac{1}{n}}^{1} 2\sqrt{x}\,dx$$

$$= \frac{4}{3}\left(1-\left(\frac{1}{n}\right)^{\frac{3}{2}}\right) \to \frac{4}{3} \quad (n\to\infty)$$

ゆえに,

$$\iint_D \frac{1}{\sqrt{x-y}}\,dxdy = \frac{4}{3}$$

How to 広義二重積分 ⇩ 近似増加列の選び方がポイント

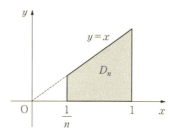

▶**注** 次の E_n でもよい

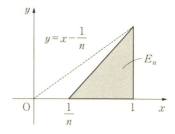

（2）いま，
$$D_n: 0 \leq x \leq n, \ 0 \leq y \leq n$$
を考えると，
$$D_1 \subseteq D_2 \subseteq \cdots \subseteq D_n \subseteq \cdots \subseteq D$$
は，近似増加列になる．

$$\iint_{D_n} \frac{1}{(x+y+1)^3} dxdy = \int_0^n \left(\int_0^n \frac{1}{(x+y+1)^3} dy \right) dx$$
$$= \int_0^n \left[-\frac{1}{2} \frac{1}{(x+y+1)^2} \right]_{y=0}^{y=x} dx$$
$$= -\frac{1}{2} \int_0^n \left\{ \frac{1}{(x+n+1)^2} - \frac{1}{(x+1)^2} \right\} dx$$
$$= -\frac{1}{2} \left[-\frac{1}{x+n+1} + \frac{1}{x+1} \right]_0^n$$
$$= -\frac{1}{2} \left\{ -\left(\frac{1}{2n+1} - \frac{1}{n+1} \right) + \left(\frac{1}{n+1} - 1 \right) \right\} \to \frac{1}{2} \quad (n \to \infty)$$

$$\therefore \quad \iint_D \frac{1}{(x+y+1)^3} dxdy = \frac{1}{2}$$

▶注　次のように計算することもできる：
$$\iint_D \frac{1}{(x+y+1)^3} dxdy = \int_0^{+\infty} \left(\int_0^{+\infty} \frac{1}{(x+y+1)^3} dy \right) dx$$
$$= \int_0^{+\infty} \left[-\frac{1}{2} \frac{1}{(x+y+1)^2} \right]_{y=0}^{y=+\infty} dx = \int_0^{+\infty} \frac{1}{2} \frac{1}{(x+1)^2} dx$$
$$= \left[-\frac{1}{2} \frac{1}{x+1} \right]_0^{+\infty} = \frac{1}{2}$$

演習問題 15.1

次の二重積分の値を求めよ．

（1）$\iint_D \frac{1}{\sqrt{1-x-y}} dxdy \qquad D: x+y<1, \ x \geq 0, \ y \geq 0$

（2）$\iint_D \frac{1}{e^{x+y}} dxdy \qquad D: x \geq 0, \ y \geq 0$

プラスα　　$\int_0^{+\infty} e^{-x^2}dx = \dfrac{\sqrt{\pi}}{2}$ の証明

次のような素朴な方法は，いかがでしょうか．

第1象限の次の集合を考えます：

A： $x^2+y^2 \leqq R^2$ 　（$R>0$）
B： $x \leqq R$, $y \leqq R$
C： $x^2+y^2 \leqq 2R^2$

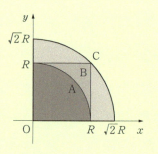

ここで，$e^{-x^2-y^2} > 0$ ですから，

$$\iint_A e^{-x^2-y^2}dxdy \leqq \iint_B e^{-x^2-y^2}dxdy \leqq \iint_C e^{-x^2-y^2}dxdy \qquad (*)$$

ところで，

$$\iint_B e^{-x^2-y^2}dxdy = \int_0^R e^{-x^2}dx \int_0^R e^{-y^2}dy = \left(\int_0^R e^{-x^2}dx \right)^2$$

また，**極座標変換** $x = r\cos\theta$, $y = r\sin\theta$ によって，

$$\iint_A e^{-x^2-y^2}dxdy = \int_0^{\frac{\pi}{2}} \left(\int_0^R e^{-r^2} r\,dr \right) d\theta$$

$$= \frac{\pi}{2}\left[-\frac{e^{-r^2}}{2} \right]_0^R = \frac{\pi}{4}\left(1 - \frac{1}{e^{R^2}} \right)$$

積分領域が C の場合も，同様に，次が得られます：

$$\iint_C e^{-x^2-y^2}dxdy = \frac{\pi}{4}\left(1 - \frac{1}{e^{2R^2}} \right)$$

したがって，上の不等式（*）より，

$$\frac{\pi}{4}\left(1 - \frac{1}{e^{R^2}} \right) \leqq \left(\int_0^R e^{-x^2}dx \right)^2 \leqq \frac{\pi}{4}\left(1 - \frac{1}{e^{2R^2}} \right)$$

極限 $R \to +\infty$ を考えますと，ハサミウチの原理から，

$$\left(\int_0^{+\infty} e^{-x^2}dx \right)^2 = \frac{\pi}{4} \qquad \therefore \quad \int_0^{+\infty} e^{-x^2}dx = \frac{\sqrt{\pi}}{2}$$

体積・曲面積

体積は，諸君よくご存じと思われるので，曲面積について述べよう．

曲面 $z=f(x,y)$ の**有界領域** D 上の曲面積を考えよう．

張りぼて人形の全表面積は，切り張りする新聞紙片の面積の総和と考えられるね．そこで，D を含む 2 次元**有限区間** $I \supset D$ を，区間分割する：

$$I_{ij} \quad (1 \leq i \leq m, \ 1 \leq j \leq n)$$

◀ $\bigcup_{i,j} I_{ij} = I$

各小区間 I_{ij} の代表点 $(x_{ij}, y_{ij}, 0)$ に対する曲面上の点

$$P_{ij}(x_{ij}, y_{ij}, f(x_{ij}, y_{ij}))$$

の近くでは，曲面を，この点における**接平面で代用できる**だろう．

小区間 I_{ij} 上では，曲面を，

$$\boldsymbol{a}_i = h_i \begin{bmatrix} 1 \\ 0 \\ f_x \end{bmatrix}, \quad \boldsymbol{b}_j = k_j \begin{bmatrix} 0 \\ 1 \\ f_y \end{bmatrix}$$

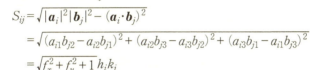

を二隣辺とする平行四辺形で近似する．

ここに，h_i, k_j は長方形 I_{ij} の横幅，縦幅であり，$f_x(x_{ij}, y_{ij}), f_y(x_{ij}, y_{ij})$ を，f_x, f_y と略記．

この平行四辺形の面積 S_{ij} は，公式より，

$$\begin{aligned} S_{ij} &= \sqrt{|\boldsymbol{a}_i|^2 |\boldsymbol{b}_j|^2 - (\boldsymbol{a}_i \cdot \boldsymbol{b}_j)^2} \\ &= \sqrt{(a_{i1}b_{j2} - a_{i2}b_{j1})^2 + (a_{i2}b_{j3} - a_{i3}b_{j2})^2 + (a_{i3}b_{j1} - a_{i1}b_{j3})^2} \\ &= \sqrt{f_x^2 + f_y^2 + 1}\, h_i k_j \end{aligned}$$

したがって，

曲面 $z = f(x,y)$ の領域 D 上の曲面積 S は，

$$S = \lim_{n \to \infty} \sum_{i,j} S_{ij} = \iint_D \sqrt{f_x^2 + f_y^2 + 1}\, dxdy$$

曲面積

▶注　曲面が，$F(x, y, z) = 0$ の形で与えられていれば，

$$S = \iint_D \frac{\sqrt{F_x^2 + F_y^2 + F_z^2}}{|F_z|}\, dxdy$$

例題 15.2 — 体積・表面積

球　面　$x^2+y^2+z^2=a^2$

円柱面　$x^2+y^2=ax$

を考える．ただし，$a>0$ とする．

（1）球面で囲まれた円柱面の内部の体積 V を求めよ．

（2）球面の円柱面によって切り取られる部分の曲面積 S を求めよ．

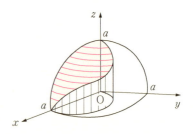

解　（1）図形の対称性から，求める体積 V は，与えられた図形の $y \geqq 0$，$z \geqq 0$ なる部分の体積の 4 倍だから，$z = \sqrt{a^2-x^2-y^2}$ より，

$$V = 4\iint_D \sqrt{a^2-x^2-y^2}\,dxdy \qquad D: x^2+y^2 \leqq ax,\ y \geqq 0$$

いま，$x = r\cos\theta$，$y = r\sin\theta$ とおき，D を極座標で表わせば，

$$\Delta : r \leqq a\cos\theta,\ 0 \leqq \theta \leqq \pi/2$$

◀ $x^2+y^2 \leqq ax$
⇔ $r \leqq a\cos\theta$

D は Δ に写され，**内部どうしは，一対一に対応する**．

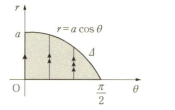
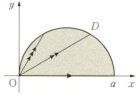

$|J|$ この r のおかげで原始関数が求められる

$$V = 4\iint_D \sqrt{a^2-x^2-y^2}\,dxdy = 4\iint_\Delta \sqrt{a^2-r^2}\,r\,dr$$

$$= 4\int_0^{\frac{\pi}{2}} \left(\int_0^{a\cos\theta} \sqrt{a^2-r^2}\,r\,dr\right)d\theta = 4\int_0^{\frac{\pi}{2}} \left[-\frac{1}{3}(a^2-r^2)^{\frac{3}{2}}\right]_0^{a\cos\theta} d\theta$$

$$= -\frac{4}{3}\int_0^{\frac{\pi}{2}} \{(a^2-a^2\cos^2\theta)^{\frac{3}{2}} - (a^2)^{\frac{3}{2}}\}\,d\theta$$

$$= -\frac{4}{3}a^3\int_0^{\frac{\pi}{2}} (\sin^3\theta - 1)\,d\theta = -\frac{4}{3}a^3\left(\frac{2}{3} - \frac{\pi}{2}\right)$$

$$= \left(\frac{2}{3}\pi - \frac{8}{9}\right)a^3 \qquad \blacktriangleleft \int_0^{\frac{\pi}{2}} \sin^3\theta d\theta = \frac{1}{12}[\cos 3x - 9\cos x]_0^{\frac{\pi}{2}} = \frac{2}{3}$$

（2） $F(x, y, z) = x^2 + y^2 + z^2 - a^2 = 0$ ◀球面の方程式

とおく．図形の対称性から，$y \geqq 0$, $z \geqq 0$ の部分を考えて，

$$S = 4\iint_D \frac{\sqrt{F_x^2 + F_y^2 + F_z^2}}{|F_z|} dxdy$$

$$= 4\iint_D \frac{\sqrt{(2x)^2 + (2y)^2 + (2z)^2}}{|2z|} dxdy = 4\iint_D \frac{a}{\sqrt{a^2 - x^2 - y^2}} dxdy$$

いま，（1）と同様に，**極座標変換**を行えば，

$$S = 4\iint_\Delta \frac{a}{\sqrt{a^2 - r^2}} r dr d\theta$$

$$= 4a \int_0^{\frac{\pi}{2}} \left(\int_0^{a\cos\theta} \frac{a}{\sqrt{a^2 - r^2}} dr\right) d\theta$$

$$= 4a \int_0^{\frac{\pi}{2}} [-\sqrt{a^2 - r^2}]_0^{a\cos\theta} d\theta$$

$$= 4a \int_0^{\frac{\pi}{2}} \{-\sqrt{a^2 - a^2\cos^2\theta} - \sqrt{a^2}\} d\theta$$

$$= 4a \int_0^{\frac{\pi}{2}} a(1 - \sin\theta) d\theta = 2(\pi - 2)a^2$$

How to

積分領域が円

⬇

極座標変換

演習問題 15.2

曲　面　$z^2 = 4x$

円柱面　$x^2 + y^2 = x$

を考える．

（1）曲面と円柱面とで囲まれた部分の体積 V を求めよ．

（2）曲面の円柱面によって切り取られる部分の曲面積 S を求めよ．

解答 ●●●●●● 演習問題の解または略解です

1.1 (1) 求める極限値を A とする.

(i) $A = \lim_{x \to +0} \sqrt{\dfrac{x^3 - x}{x^2}} = \lim_{x \to +\infty} \sqrt{x - \dfrac{1}{x}} = +\infty$

(ii) $A = \lim_{x \to 1} \sqrt{\dfrac{(x-1)^2}{x^2-1}} = \lim_{x \to 1} \sqrt{\dfrac{x-1}{x+1}} = 0$

(iii) $A = \lim_{x \to +\infty} \left(\dfrac{1}{x} + \dfrac{1}{x^2}\right) = 0$

(iv) $A = \lim_{h \to 0} \dfrac{-1}{(x+h)x} = -\dfrac{1}{x^2}$ ◀次の証明になっている $\left(\dfrac{1}{x}\right)' = -\dfrac{1}{x^2}$

(v) $A = \lim_{n \to \infty} \dfrac{\dfrac{1}{n^2} - \dfrac{2}{n} + 3}{\dfrac{2}{n^2} + \dfrac{5}{n} - 2} = -\dfrac{3}{2}$

a/b は $\dfrac{a}{b}$ の略形

(vi) $A = \lim_{n \to \infty} \dfrac{2 \cdot (2/3)^n}{1 + (1/3)^n} = 0$

(vii) $A = \lim_{n \to \infty} \dfrac{\sqrt{n}}{\sqrt{n+1} + \sqrt{n}}$

$= \lim_{n \to \infty} \dfrac{1}{\sqrt{1 + (1/n)} + 1} = \dfrac{1}{2}$

(2) $y = \dfrac{1}{1 - (-x)} = \dfrac{1}{1 + x} \quad (-1 < x < 1)$

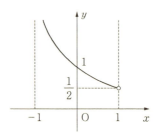

2.1 (1) 与えられた式を A とする.

(i) $A = a^{10}b^4 a^{-2} b^6 a^{-6} b^{-3} = a^2 b^{-5}$

(ii) $A = \dfrac{ab^{\frac{1}{3}}}{a^{\frac{1}{2}} b^{\frac{1}{4}}} = a^{1 - \frac{1}{2}} b^{\frac{1}{3} - \frac{1}{4}} = a^{\frac{1}{2}} b^{\frac{1}{12}}$

（ⅲ） $A = \dfrac{\log_2 2 + \log_2 3}{\log_2(1/8)} + \dfrac{\log_2 1 - \log_2 12}{\log_2 64} = -\dfrac{2}{3} - \dfrac{1}{2}\log_2 3$

（ⅳ） $A = \log_2 3 \cdot \dfrac{\log_2 5}{\log_2 3} \cdot \dfrac{\log_2 8}{\log_2 5} = \log_2 8 = 3$

（2）（ⅰ） $\left(\dfrac{1}{2}\right)^{2(3x+1)} \leqq \left(\dfrac{1}{2}\right)^{x+1}$ ◀ $\dfrac{1}{2} < 1$ に注意

∴ $2(3x+1) \geqq x+1$ ∴ $x \geqq -1/5$

（ⅱ） $\left(\dfrac{1}{9}\right)^x = t\ (>0)$ とおく．$t^2 + t \leqq 12$．$(t-3)(t+4) \leqq 0$

∴ $t \leqq 3$, $(1/9)^x \leqq 3$ ∴ $x \geqq -1/2$

（ⅲ） 与式より，$(x+2)(2x-1) \geqq 5^2$, $(x-3)(2x+9) \geqq 0$

真数 >0 より，$2x+9>0$ ∴ $x \geqq 3$

3.1（1）（ⅰ） $\sqrt{2}-1$ （ⅱ） $\dfrac{\sqrt{2}+\sqrt{6}}{4}$ （ⅲ） $\dfrac{\pi}{4}$

（2）（ⅰ），（ⅱ） それぞれ，次のようになる：

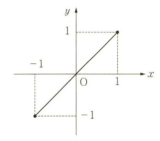 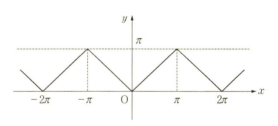

（3） $y=5x$, $y=(2/3)x$ と x 軸との交角を，α, β とする．
$\tan\alpha = 5$, $\tan\beta = 2/3$, $\theta = \alpha - \beta$

$\tan\theta = \dfrac{\tan\alpha - \tan\beta}{1+\tan\alpha\tan\beta} = \dfrac{5-2/3}{1+5\cdot(2/3)} = 1$ ∴ $\theta = \dfrac{\pi}{4}$

4.1（1） $y' = 2x\sqrt{x^2-4} + x^2 \cdot \dfrac{2x}{2\sqrt{x^2-4}} = \dfrac{3x^3-8x}{\sqrt{x^2-4}}$

（2） $y' = 5(1+x)^4(2-x)^3 + (1+x)^5 \cdot 3(2-x)^2 \cdot (-1)$
$\quad = (1+x)^4(2-x)^2(7-8x)$

(3) $y' = \dfrac{\dfrac{x^2+1}{2\sqrt{x-1}} - \sqrt{x-1} \cdot (2x)}{(x^2+1)^2} = \dfrac{-3x^2+4x+1}{2\sqrt{x-1}\,(x^2+1)^2}$

(4) $y' = 1 \cdot \sqrt{\dfrac{1-x}{1+x}} + \dfrac{x}{2\sqrt{\dfrac{1-x}{1+x}}} \cdot \dfrac{-(1+x)-(1-x)}{(1+x)^2}$

$= \dfrac{1-x-x^2}{\sqrt{(1-x)(1+x)^3}}$

(5) $y' = \dfrac{1}{2\sqrt{x+\sqrt{x}}}\left(1+\dfrac{1}{2\sqrt{x}}\right) = \dfrac{2\sqrt{x}+1}{4\sqrt{x^2+x\sqrt{x}}}$

(6) $y' = \dfrac{3x^3}{|x|}$

5.1 (1) $\dfrac{\sin x}{e^{\cos x}}$ (2) $-\dfrac{\pi}{4}\sin\dfrac{x+1}{4}\pi$

(3) $\dfrac{-1}{2x^{\frac{1}{2}}(1-x^{\frac{1}{2}})^{\frac{1}{2}}(1+x^{\frac{1}{2}})^{\frac{3}{2}}}$ (4) $a\cosh(ax+b)$

(5) $\dfrac{1}{2x\sqrt{\log x}}$ (6) $\tanh x$

(7) $2\tan^{-1} x$ (8) $2\sqrt{x^2+A}$

5.2 (1) (i) $y' = -\dfrac{y^2+2xy}{x^2+2xy}$ (ii) $y' = -\dfrac{x(3x^4+(6x^2-4)y^2+3y^4)}{y(3x^4+6x^2y^2-4x^2+3y^4)}$

(2) (i) $x^{e^x} \cdot e^x\left(\dfrac{1}{x}+\log x\right)$

(ii) $\dfrac{2(2-x^2)}{\sqrt[3]{(1-x)^4(2-x)^4(1+x)^2(2+x)^2}}$

6.1 (1)

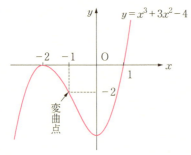

変曲点

（2）

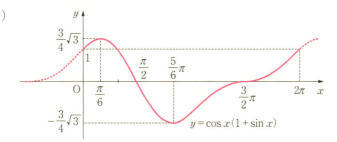

6.2 （1）　　　　　　　　　　　　（2）

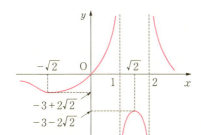 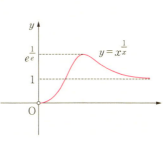

7.1 （1）　　　　　　　　　　　　（2）

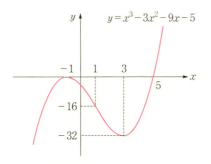 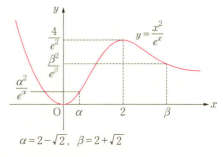

$\alpha = 2-\sqrt{2}, \ \beta = 2+\sqrt{2}$

8.1 （1） $-\dfrac{1}{2}e^{-2x-3}$ 　　　　（2） $\dfrac{2}{3}\sin\dfrac{3x+4}{2}$

（3） $\dfrac{1}{2}x - \dfrac{1}{16}\cos(8x+10)$ 　（4） $-\dfrac{3}{2}(5-x)^{\frac{2}{3}}$

8.2 （1） $\dfrac{1}{2}\tan^{-1}2x$ 　　　　（2） $-\dfrac{1}{4}\log\left|\dfrac{2x+1}{2x-1}\right|$

（3） $\dfrac{1}{3}\sin^{-1}3x$ 　　　　（4） $\dfrac{1}{2}\left(\sqrt{1-9x^2}+\dfrac{1}{3}\sin^{-1}3x\right)$

解

（5） $\dfrac{1}{2}\log\left(x+\dfrac{1}{2}\sqrt{4x^2+3}\right)$

（6） $\dfrac{1}{2}x\sqrt{4x^2+3}+\dfrac{3}{4}\log\left(x+\dfrac{1}{2}\sqrt{4x^2+3}\right)$

9.1 求める原始関数を，$F(x)$ とする．

（1） $F(x)=\displaystyle\int\left(x^2+x+1+\dfrac{1}{x-1}\right)dx=\dfrac{x^3}{3}+\dfrac{x^2}{2}+x+\log|x-1|$

（2） $F(x)=\displaystyle\int\left(\dfrac{1}{x-2}+\dfrac{1}{x^2+4}\right)dx=\log|x-2|+\dfrac{1}{2}\tan^{-1}\dfrac{x}{2}$

（3） $F(x)=\displaystyle\int\left(\dfrac{1}{x-2}-\dfrac{1}{x-1}-\dfrac{1}{(x-2)^2}+\dfrac{2}{(x-2)^3}\right)dx$

$=\log\left|\dfrac{x-2}{x-1}\right|+\dfrac{1}{x-2}-\dfrac{1}{(x-2)^2}$

9.2 求める原始関数を，$F(x)$ とする．

（1） $\tan\dfrac{x}{2}=t$ とおく．$F(x)=\displaystyle\int\left(\dfrac{1}{t}+t+1\right)dt$

$=\log\left|\tan\dfrac{x}{2}\right|+\dfrac{1}{2}\tan^2\dfrac{x}{2}+\tan\dfrac{x}{2}$

（2） $\tan x=t$ とおく．

$$F(x)=\dfrac{\sqrt{5}}{2}\tan^{-1}\left(\dfrac{2}{\sqrt{5}}\tan x\right)-x$$

（3） $\sqrt[6]{x}=t$ とおく．

$$F(x)=6\int\left(1-\dfrac{1}{1+t^2}\right)dt=6(\sqrt[6]{x}-\tan^{-1}\sqrt[6]{x})$$

（4） $\sqrt{\dfrac{x-2}{3-x}}=t$ とおく．$x=\dfrac{3t^2+2}{t^2+1}$, $dx=\dfrac{2t}{(t^2+1)^2}dt$

$$F(x)=\int\dfrac{1}{t^2+(1/2)}dt=\sqrt{2}\tan^{-1}\sqrt{\dfrac{2(x-2)}{3-x}}$$

10.1 （1） 例題 10.1 と同様に，部分積分をくり返す．

（2） $S=\displaystyle\int_1^3(x-1)^3(3-x)^2dx=\dfrac{3!\,2!}{(3+2+1)!}(3-1)^{3+2+1}=\dfrac{16}{15}$

10.2 求める定積分の値を，I とする．

（1） $\tan(x/2) = t$ とおく．
$$I = \int_0^1 \frac{2}{1+3t^2} dt = 2 \cdot \frac{1}{3} \left[\frac{3}{\sqrt{3}} \tan^{-1} \frac{3}{\sqrt{3}} x \right]_0^1 = \frac{2}{9}\sqrt{3}\pi$$

（2） $x = 2\tan t$ とおく．
$$I = \frac{1}{4} \int_0^{\frac{\pi}{4}} \cos t \, dt = \frac{1}{8}\sqrt{2}$$

（3） $\int_1^e 1 \cdot (\log x)^2 dx$ とみて，部分積分2回．$I = e - 2$

（4） $\int x \left(-\frac{1}{4} \cos^4 x \right)' dx$ とみる．$I = \frac{3}{64}\pi$

11.1 （1） （i） $\dfrac{\pi}{2}$ （ii） $-\dfrac{1}{4}$ （iii） $-\infty$ （iv） $\dfrac{1}{2}\log 2$

（2） （i） $\dfrac{1}{\sqrt{\tan x}} \leqq \dfrac{1}{\sqrt{\sin x}} \leqq \sqrt{\dfrac{\pi}{2}} \dfrac{1}{\sqrt{x}}$ 　　広義積分は**収束**

（ii） $x > 1 \Rightarrow x^5 + 1 < 2x^5, \; \dfrac{1}{\sqrt[3]{2}} \cdot \dfrac{1}{x^{\frac{2}{3}}} < \dfrac{1}{\sqrt[3]{x^5+1}}$

$$\int_0^{+\infty} \frac{1}{\sqrt[3]{2} \, x^{\frac{2}{3}}} dx \text{ は発散するので，問題の広義積分も {\bf 発散}}.$$

11.2 （1） $S_1 = 2\int_0^\pi y \, dx = 2\int_0^\pi y \dfrac{dx}{dt} dt$
$$= 2\int_0^\pi (1 - \cos t)(1 - \cos t) dt = 3\pi$$
$$l = 2\int_0^\pi \sqrt{\left(\frac{dx}{dt}\right)^2 + \left(\frac{dy}{dt}\right)^2} dt = 4\int_0^\pi \sin \frac{t}{2} dt = 8$$

（2） 問題の立体を，平面 $x = t$ で切った切り口は，中心 $\mathrm{H}(t, 0, 0)$，半径 $\mathrm{PH} = \sqrt{t^2+1}$ の円だから，
$$V = \pi \int_{-1}^1 (t^2 + 1) dt = \frac{8}{3}\pi$$

問題の立体は，一葉双曲面 $-x^2 + y^2 + z^2 = 1$ と，二つの円で囲まれた

図形で, xz 平面 $y=0$ での切り口は, 双曲線 $-x^2+z^2=1$.

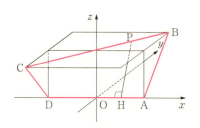

鼓のような立体ができるのね.

$$S_2 = 2\pi \int_{-1}^{1} z\sqrt{1+\left(\frac{dz}{dx}\right)^2}\,dx + 2\cdot\pi(\sqrt{2})^2$$

$$= 2\pi \int_{-1}^{1} \sqrt{1+x^2}\sqrt{1+\frac{x^2}{1+x^2}}\,dx + 4\pi$$

$$= 4\sqrt{2}\pi \int_{0}^{1} \sqrt{x^2+\frac{1}{2}}\,dx + 4\pi$$

$$= \sqrt{2}\pi\{2\sqrt{2}+\sqrt{6}+\log(\sqrt{2}+\sqrt{3})\}$$

12.1

	$f_x(x,y)$	$f_y(x,y)$
(ⅰ)	$4x^3-4xy^3$	$-6x^2y^2+4y^3$
(ⅱ)	$2x\sin y$	$x^2\cos y$
(ⅲ)	$-2xy\sin(x^2y)$	$-x^2\sin(x^2y)$
(ⅳ)	$-\dfrac{y}{2x\sqrt{x}}$	$\dfrac{1}{\sqrt{x}}$
(ⅴ)	$-\dfrac{\cos x}{\sin^2 x}\cdot\sin y$	$\dfrac{\cos x}{\sin x}$
(ⅵ)	$-\dfrac{y}{x^2+y^2}$	$\dfrac{x}{x^2+y^2}$

(2) (ⅰ) $\dfrac{dz}{dt} = \dfrac{\partial z}{\partial x}\dfrac{dx}{dt} + \dfrac{\partial z}{\partial y}\dfrac{dy}{dt}$

$= \cos x \cos y \cdot 3t^2 - \sin x \sin y \cdot e^t$

$= 3t^2 \cos(t^3)\cos(e^t) - e^t \sin(t^3)\sin(e^t)$

（ⅱ）　$\dfrac{dz}{dt} = ye^{xy} \cdot \cos t + xe^{xy} \cdot 2t$

$\qquad = te^{t^2 \sin t}(t \cos t + 2 \sin t)$

（3）　$\dfrac{\partial z}{\partial u} = \dfrac{\partial z}{\partial x}\dfrac{\partial x}{\partial u} + \dfrac{\partial z}{\partial y}\dfrac{\partial y}{\partial u} = \dfrac{x}{\sqrt{x^2+y^2}} \cdot 1 + \dfrac{y}{\sqrt{x^2+y^2}} \cdot v$

$\qquad = \dfrac{x+yv}{\sqrt{x^2+y^2}} = \dfrac{u+v+uv^2}{\sqrt{(u+v)^2+u^2v^2}}$

$\dfrac{\partial z}{\partial v} = \dfrac{u+v+u^2v}{\sqrt{(u+v)^2+u^2v^2}}$

13.1　（1）　$f_x = 2x - 6y$, $f_y = -6x + 18y^2$, $f_{xx} = 2$, $f_{yy} = 36y$
$f_{xy} = -6$, $H(x, y) = f_{xx}f_{yy} - f_{xy}^2 = 36(2y-1)$
$f_x = 2x - 6y = 0$, $f_y = -6x + 18y^2 = 0$　を解いて,
$$(x, y) = (0, 0),\ (3, 1)$$

（ⅰ）　$(x, y) = (0, 0)$　のとき:
　　$H(0, 0) = -36 < 0$,　$f(0, 0)$ は, **極値ではない**.

（ⅱ）　$(x, y) = (3, 1)$　のとき:
　　$H(3, 1) = 36 > 0$, $f_{xx} = 2 > 0$, $f(3, 1) = 1$ は, **極小値**.

（2）　$f_x = 3x^2 - 3$, $f_y = 3y^2 - 3$, $f_{xx} = 6x$, $f_{yy} = 6y$, $f_{xy} = 0$
$$H(x, y) = f_{xx}f_{yy} - f_{xy}^2 = 36xy$$
$f_x = 3x^2 - 3 = 0$, $f_y = 3y^2 - 3 = 0$　を解いて,
$$(x, y) = (1, 1),\ (1, -1),\ (-1, 1),\ (-1, -1)$$

（ⅰ）　$(x, y) = (1, 1)$　のとき:
　　$H(1, 1) = 36 > 0$, $f_{xx}(1, 1) = 6 > 0$, $f(1, 1) = 0$ は **極小値**.

（ⅱ）　$(x, y) = (-1, -1)$　のとき:
　　$H(-1, -1) = 36 > 0$, $f_{xx}(-1, -1) = -6 < 0$
　　$f(-1, -1) = 8$ は **極大値**.

（ⅲ）　$(x, y) = (1, -1)$　または $(-1, 1)$　のとき:
　　$H(\pm 1, \mp 1) = -36 < 0$, $f(\pm 1, \mp 1)$ は, **極値ではない**.

14.1 求める二重積分の値を，I とする．

（1） $I = \int_1^2 \left(x \int_1^{x^2} \dfrac{1}{y^2} dy \right) dx = \int_1^2 \left(x - \dfrac{1}{x} \right) dx = \dfrac{3}{2} - \log 2$

（2） $I = \int_0^1 \left(\int_0^{1-x} (x^2 + y) dy \right) dx = \int_0^1 \left(-x^3 + \dfrac{3}{2}x^2 - x + \dfrac{1}{2} \right) dx = \dfrac{1}{4}$

（3） $I = \int_0^{\frac{\pi}{2}} \left(\cos(y^2) \int_0^y dx \right) dy = \int_0^{\frac{\pi}{2}} y \cos(y^2) dy = \dfrac{1}{2} \sin \left(\dfrac{\pi}{2} \right)^2$

（4） $I = \int_0^2 \left(\sqrt{x^3+1} \int_0^{\frac{x}{2}} y\, dy \right) dx = \int_0^2 \sqrt{x^3+1} \cdot \dfrac{x^2}{8} dx = \dfrac{13}{18}$

14.2 求める二重積分の値を，I とする．

（1） 変数変換 $u = x + y, \; v = x - y$ によって，uv 平面の
$$\varDelta : 0 \leqq u \leqq \pi, \; 0 \leqq v \leqq \pi$$
と，xy 平面の D とは，一対一に写り合う．
$$I = \iint_\varDelta u^2 \sin v \left| -\dfrac{1}{2} \right| du dv = \dfrac{1}{2} \int_0^\pi u^2 du \int_0^\pi \sin v\, dv = \dfrac{1}{3} \pi^3$$

（2） 極座標変換 $x = r \cos \theta, \; y = r \sin \theta \;(r \geqq 0)$ によって，
  長方形 $\varDelta : 0 \leqq r \leqq 1, \; 0 \leqq \theta \leqq \pi/2$
  四分円 $D : x^2 + y^2 \leqq 1, \; x \geqq 0, \; y \geqq 0$
の**内部どうし**は，一対一に写り合う．
$$I = \iint_\varDelta (2r\cos\theta + 3r\sin\theta) r\, dr\, d\theta$$
$$= \int_0^{\frac{\pi}{2}} (2\cos\theta + 3\sin\theta) \left(\int_0^1 r^2 dr \right) d\theta = \dfrac{5}{3}$$

15.1 求める二重積分の値を，I とする．

（1） 簡単のため，$\dfrac{1}{n} = \alpha$ とおく．

$D_n : x + y \leqq 1 - \alpha, \; x \geqq 0, \; y \geqq 0$

$I = \int_0^{1-\alpha} \left(\int_0^{1-\alpha-x} \dfrac{1}{\sqrt{1-x-y}} dy \right) dx$
$= \int_0^{1-\alpha} \left[-2\sqrt{1-x-y} \right]_{y=0}^{y=1-\alpha-x} dx$
$= -2 \int_0^{1-\alpha} (\sqrt{\alpha} - \sqrt{1-x}) dx$

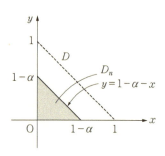

$$= \frac{4}{3}(1-\alpha^{\frac{3}{2}}) - 2\sqrt{\alpha}(1-\alpha) \to \frac{4}{3} \quad (\alpha \to 0)$$

◀ $n \to \infty \Leftrightarrow \alpha \to 0$

（2） $I = \int_0^n \frac{1}{e^x}dx \cdot \int_0^n \frac{1}{e^y}dy = \left(1 - \frac{1}{e^n}\right)^2 \to 1 \quad (n \to \infty)$

15.2 図形の対称性から，

$$V = 4\iint_D 2\sqrt{x}\,dxdy \qquad D: 0 \leq y \leq \sqrt{x-x^2}$$

$$= 4\int_0^1 \left(\int_0^{\sqrt{x-x^2}} 2\sqrt{x}\,dy\right)dx = 8\int_0^1 x\sqrt{1-x}\,dx = \frac{32}{15}$$

（2） 対称性を考えて，$z = f(x,y) = 2\sqrt{x}$ の部分を考える．

$$S = 4\iint_D \sqrt{f_x^2 + f_y^2 + 1}\,dxdy$$

$$= 4\iint_D \sqrt{\left(\frac{1}{\sqrt{x}}\right)^2 + 0^2 + 1}\,dxdy$$

$$= 4\int_0^1 \left(\int_0^{\sqrt{x-x^2}} \sqrt{\frac{1}{x} + 1}\,dy\right)dx$$

$$= 4\int_0^1 \sqrt{1-x^2}\,dx = 4 \times \frac{\text{半径1の円の面積}}{4} = \pi$$

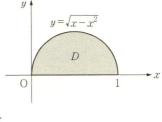

アルファベット

C^n 級　62
cos　20
$\cos^{-1}$　25
cosh　26
e　14
log　15
sin　20
$\sin^{-1}$　25
sinh　26
tan　20
$\tan^{-1}$　25
tanh　26

い

陰関数　43
　　── の微分法　42

か・き

開集合　112
加法定理　23
逆関数　6
　　── の微分法　42
逆三角関数　24
　　── の微分法　45
級数　8
極限値　3, 8, 113
極座標変換　135
極小　55, 126
極大　55, 126
極値　55
　　── の判定　127
曲面積　145
近似増加列　140

け・こ

原始関数　74
広義積分　102
広義二重積分　140
合成関数　5
　　── の微分法　36, 118
　　── の偏微分法　119
コーシーの平均値の定理　56

さ・し

三角関数　20
　　── の合成　27
　　── の微分法　45
　　── の積分法　86
指数関数　12, 14
　　── の微分法　43
収束　8
収束域　65
従属変数　2
剰余項　63
真数　19

す・せ・そ

数列　8
積和公式　24
接線　32
全微分　117
全微分可能　116
双曲線関数　26
　　── の微分法　47

た・ち

対数関数　15
　　── の微分法　43

対数微分法　50
単調減少　54
単調増加　54
値域　2
置換積分法　78
置換積分　97

て・と

定義域　2
定積分　92
定符号関数　141
テイラー級数　65
テイラーの定理　63, 124
停留点　126
導関数　36
特異積分　102
独立変数　2

に

二重積分　132

は・ひ

ハサミウチの原理　4
発散　8
微積分学の基本定理　96, 103
左極限値　3
微分　35
微分可能　33
微分係数　32
微分法の公式　36

ふ・へ

不定積分　94
部分積分　82, 97

部分分数分解　86
平均値の定理　53
べき級数　8
変曲点　68
変数変換　135
偏導関数　114
偏微分
　── 可能　114
　── 係数　114
　── の順序　123

ま・み・む

マクローリン展開　66
右極限値　3
無限積分　102
無理関数の積分法　87

や・ゆ

ヤコビアン　135
優級数　105
優関数定理　104
有理関数　86
　── の積分法　86

ら・る・れ・ろ

ライプニッツの公式　63
累次積分　134
連続　5, 114
ロピタルの定理　57
ロールの定理　52

メモ

メモ

メモ

著者紹介

小寺 平治(こでら へいじ)

　1940年，東京生まれ．東京教育大学理学部数学科卒．同大学院博士課程を経て，愛知教育大学助教授・同教授を歴任．愛知教育大学名誉教授．数学基礎論・数理哲学．

　著書に「ゼロから学ぶ統計解析」「なっとくする微分方程式」「はじめての統計15講」「はじめての線形代数15講」(以上，講談社)，「明解演習 微分積分」「明解演習 線型代数」「テキスト 複素解析」(以上，共立出版)，「新統計入門」(裳華房)，など多数．

NDC411　172p　21cm

はじめての微分積分(びぶんせきぶん)15講(こう)

2017年 9月 7日　第1刷発行
2022年 8月 1日　第2刷発行

著者　　小寺 平治(こでら へいぢ)

発行者　髙橋明男

発行所　株式会社 講談社
　　　　〒112-8001　東京都文京区音羽2-12-21
　　　　　　販売　(03)5395-4415
　　　　　　業務　(03)5395-3615

　　　　KODANSHA

編集　　株式会社 講談社サイエンティフィク
　　　　代表　堀越俊一
　　　　〒162-0825　東京都新宿区神楽坂2-14　ノービィビル
　　　　　　編集　(03)3235-3701

印刷・製本　株式会社KPSプロダクツ

　落丁本・乱丁本は購入書店名を明記の上，講談社業務宛にお送りください．送料小社負担でお取替えいたします．なお，この本の内容についてのお問い合わせは講談社サイエンティフィク宛にお願いいたします．定価はカバーに表示してあります．
© Heiji Kodera, 2017

　本書のコピー，スキャン，デジタル化等の無断複製は著作権法上での例外を除き禁じられています．本書を代行業者等の第三者に依頼してスキャンやデジタル化することはたとえ個人や家庭内の利用でも著作権法違反です．

JCOPY　<(社)出版者著作権管理機構 委託出版物>

　複写される場合は，その都度事前に，(社)出版者著作権管理機構(電話 03-5244-5088，FAX 03-03-5244-5089，e-mail : info@jcopy.or.jp)の許諾を得てください．

Printed in Japan
ISBN978-4-06-156564-7

> 平治親分の大好評教科書

はじめての統計15講

小寺 平治・著

A5・2色刷り・134頁・定価2,200円

よくわかる——これが、この本のモットーです。
ムズカシイ数学は不要(いり)ません。加減乗除と√だけで十分です。しかし、この本は単なるマニュアル本ではありません。難しい証明はありませんが、統計学を一つのストーリーとして読んでいただけるように努めました。

はじめての線形代数15講

小寺 平治・著

A5・4色刷り・172頁・定価2,420円

線形代数に登場する諸概念や手法のroots・motivationを大切にし、基礎事項の解説とその数値的具体例を項目ごとにまとめました。よくわかることがモットーです。大学1年生の教科書としても参考書としても最適です。

なっとくする微分方程式

小寺 平治・著

A5・262頁・定価2,970円

微分方程式のルーツともいえる変数分離形に始まって、ハイライトとなる線形微分方程式、何かと頼りになる級数解法、さらに工学的に広く用いられるラプラス変換の偉力までを、筋を追ってわかりやすく説明しました。

ゼロから学ぶ統計解析

小寺 平治・著

A5・222頁・定価2,750円

天下り的な記述ではなく、統計学の諸概念と手法を、rootsとmotivationを大切にわかりやすく解説。学会誌でも絶賛の楽しく、爽やかなベストセラー入門書。

※表示価格には消費税(10%)が加算されています. 「2022年1月現在」

講談社サイエンティフィク　www.kspub.co.jp